Yousuf Tahir Ali

Życie po śmierci i niebiosa poza modelem

Yousuf Tahir Ali

Życie po śmierci i niebiosa poza modelem

Zrozumienie duchowości przy użyciu współczesnej nauki

Wydawnictwo Bezkresy Wiedzy

Imprint
Any brand names and product names mentioned in this book are subject to trademark, brand or patent protection and are trademarks or registered trademarks of their respective holders. The use of brand names, product names, common names, trade names, product descriptions etc. even without a particular marking in this work is in no way to be construed to mean that such names may be regarded as unrestricted in respect of trademark and brand protection legislation and could thus be used by anyone.

Cover image: www.ingimage.com

This book is a translation from the original published under ISBN 978-613-9-45220-0.

Publisher:
Wydawnictwo Bezkresy Wiedzy
is a trademark of
Dodo Books Indian Ocean Ltd., member of the OmniScriptum S.R.L Publishing group
str. A.Russo 15, of. 61, Chisinau-2068, Republic of Moldova Europe
Printed at: see last page
ISBN: 978-620-2-44899-4

"Life After Death And The Heavens Beyond Model" Yousufa Tahir Ali.

Yousuf Tahir Ali

Life After Death And The Heavens Beyond Model

Life After Death And The Heavens Beyond Model; mieszanka nowoczesnej fizyki, islamu i nauk neurologicznych.

Yousuf Tahir Ali

Przedmowa... Nikola Tesla powiedział kiedyś, że "W dniu, w którym nauka zacznie badać zjawiska niefizyczne, w ciągu jednej dekady poczyni większe postępy niż we wszystkich poprzednich wiekach swojego istnienia".

Streszczenie--- Ten artykuł omawia fizykę Einsteina i Stephena Hawkinga, aby zachować cegłę w zrozumieniu życia po śmierci i omawia jedyny sposób na możliwe odkrycie duszy.
Ponieważ wykorzystuje to wiele odniesień do islamu, więc głównym założeniem jest również to, że Koran i powiedzenia proroka Mahometa (pokój niech będzie z nim) są prawidłowe.
Święty Koran i autentyczny ahadyt (powiedzenia proroka Mahometa (SAW)) nigdy nie zostały udowodnione naukowo, aż do teraz. Zamiast tego, w miarę postępu nauki, stale pokazywał, że Koran i ahadyt mają taką rację. Ponieważ te islamskie źródła nigdy nie były złe, więc artykuł przyjmuje założenie, że 100% Koranu i Sahih (autentyczne) Ahadith są prawa naukowe. Teraz przedstawiam teorie na poparcie ich w tym artykule, odnosząc się jednocześnie do współczesnej nauki i technik sztucznej inteligencji. Teorie te mogą zostać wystawione na próbę przez naukowców [XXI] wieku, aby dowiedzieć się, czy islam jest prawdziwą religią, czy też nie.
Tak więc zarówno Koran, jak i Ahadeeth mają szansę udowodnić swoją uczciwość w tym artykule wykorzystując prawa względności i rozumienie czarnych i białych dziur przez Stephena Hawkinga. Wprowadzono również nową metodę lepszego badania czasu, która dzieli czas na paski, pałeczki i interwały, jak to zostało wyjaśnione w moim rękopisie
Teoria One
w tym artykule dotyczy życia po śmierci. Jest to argument, czy istnieje, czy nie, ale skoro Koran o tym wspomina, a nie został pokrzywdzony w innych aspektach, to zakłada się, że istnieje. Teraz ten artykuł czerpie fakty fizyczne z Koranu i wykorzystuje względność Einsteina, aby

wyjaśnić rzeczy w momencie śmierci, po czym można przeprowadzić przyszłe eksperymenty, aby zaakceptować lub nie zaakceptować teorii. Jeśli nie ujawnią one duszy, wtedy islam może być złapany tutaj i Koran może być argumentowany na. Ale jeśli ujawni duszę, to Koran będzie miał rację, ponieważ nigdy nie udowodniono, że był w błędzie przez te wszystkie lata od jego objawienia. Jeśli Koran ustala się w faktach życia po śmierci, to w końcu mamy podróż po śmierci w tym życiu. Prowadziłoby to do większej ciekawości, czy należy mieć religię, czy nie, zwłaszcza islam. Jeśli Koran jest prawdziwy w odniesieniu do ognia piekielnego i że niewierni tam pójdą, to udowodnienie życia po śmierci (ważne pojęcie) pomoże zmniejszyć ostateczną liczbę osób wchodzących w ogień poprzez wiele nawróceń do tej religii. Abstrakt zawiera szczegółowe informacje o wszystkim z odpowiednimi odniesieniami do Koranu, Ahadith i współczesnej nauki.
Praca ta zawiera dodatkowo teorię o tym, gdzie istnieją Niebiosa. To również opiera się na ważnym założeniu, że Koran i Ahadith są w 100% poprawne. Przyszli naukowcy mogą pracować nad teoriami, aby odkryć zupełnie nowy obszar życia, który jest po śmierci.

SŁOWA Klucze; Dusza, Czas, Bary, Laski, Odcinki, Koran, Ahadith, Hadeeth, Prorok, Blackhole, Whitehole, Anioły, Zmartwychwstanie, VEP, BERA.

DEKLARACJA: -

Oświadczam, że nie jestem powiązany lub zaangażowany w żadną organizację lub podmiot, który ma jakiekolwiek interesy finansowe (takie jak honoraria, granty edukacyjne, udział w biurach prelegentów, członkostwo, zatrudnienie, doradztwo, własność akcji lub inne udziały kapitałowe oraz zeznania ekspertów lub umowy licencyjne) lub niefinansowe interesy (takie jak osobiste lub zawodowe relacje, powiązania, wiedza lub przekonania) w zakresie przedmiotu lub materiałów omówionych w niniejszym manuskrypcie.

◆———————— ————————

.

Indeks

1 Sekcja I

1.1 Wprowadzenie

Ponieważ biologia jest badaniem organizmów żywych, biolodzy badają wszystkie aspekty życia człowieka od niemowlęctwa, poprzez starość, aż do śmierci. Mechanizmy starzenia się zostały odkryte i wiele jest wiadomo. Ale co daje ciału życie samo w sobie? Jeśli, na przykład, David nie żyje, to po co mówić, że Davida już nie ma na tym świecie, mimo że jego ciało wciąż nas okłamuje? To stawia przed nami wielkie pytania. Jak tam życie po śmierci? Jeśli David umarł, a jego ciało wciąż tu jest, to co tak naprawdę opuścił ten świat, jeśli to nie było ciało Davida?

Nauka; Życie = Ciało + Dwuznaczne coś

Aby stworzyć teorię, musimy najpierw dowiedzieć się pewnych rzeczy. Większość Świętego Koranu została naukowo udowodniona jako poprawna [41]. Również nic z Koranu nie zostało udowodnione. Jednak części z Koranu są niejednoznaczne, nie udowodniono im ani racji, ani zła. Teraz zakładając, że skoro Koran i Ahadith nigdy się nie mylili do tej pory, załóżmy, że to, co niejednoznaczne jest w Koranie, również ma rację, jak również mówi logika. Na tej podstawie stworzyłem teorie, aby wyjaśnić życie po śmierci i Niebiosach z oczu Koranu i Ahadith. Teoria życia po śmierci może być opracowana i dusza może być odkryta, jeśli Koran i Ahadith są poprawne, ponieważ nigdy nie udowodniono naukowo błędne przez nikogo).
Thence; Life = Body + Soul ------Important równanie założone na podstawie Koranu i Ahadith(nigdy nie udowodniono, że są błędne)

Gdy będziemy obserwować rzeczy wymienione przez Koran i Ahadith jako prawa i formułować teorie, a eksperymentowanie na nich, jeśli przyniesie pozytywne rezultaty, może stworzyć zmianę w naszym sposobie myślenia, a odkrycie duszy może pomóc w dalszym badaniu życia w biologii jako "życia poza".

Wiara muzułmanina jest taka, że wszystko, co jest wokół nas, jest stworzeniem Allaha (SW). Opiera się ona na fakcie, że każde stworzenie musi być stworzone przez twórcę i wszyscy muzułmanie wierzą w twórcę jako Boga (SW).

Bóg stworzył wszystkie rzeczy żywe i nieożywione. On ujawnił Święty Koran do ostatecznego Posłańca (SAW). To rzeczywiście cud, że Koran pozostał niezmieniony przez całe 1400 lat od czasu jego objawienia. I jest to również cud sam w sobie, że Koran nie został jeszcze udowodnione, że jest błędny, tak jak inne pisma święte mają naukowe błędy. To dlatego, że Koran jest tylko słowem Bożym. Podczas gdy wszystkie inne pisma święte, mimo że były słowami Bożymi, były manipulowane słowami przez ludzkie rzemiosło i artyzm.

Podam jeden przykład do udowodnienia.
Odkrycie, że ziemia jest okrągła, miało miejsce zaledwie kilkaset lat temu. Podczas gdy Koran wspomina o tym lata temu jako o
"I zrobiliśmy ziemskie jajo w kształcie". [Al-Qur'an 79:30]

Arabskie słowo Dahaha oznacza jajko w kształcie. To również oznacza przestrzeń. Dahaha pochodzi z Duhiya, który konkretnie odnosi się do jajka strusia, które jest geosferyczne w kształcie, dokładnie tak jak kształt ziemi.

Ziemia nie jest przecież tak naprawdę sferyczna, ale ma kształt jajka i jest eliptyczna, jak pokazują ostatnie odkrycia naukowe.

Wielu ateistów twierdzi, że przed Koranem wiele takich rzeczy sugerowali również starożytni greccy filozofowie, tacy jak Arystoteles i Pitagoras, którzy również wierzyli, że ziemia jest sferyczna. Może Koran ukradł im te przedmioty. Ale znowu chodzi o to, dlaczego Koran wziął tylko poprawne przewidywania i pominął złe przewidywania starożytnych Greków. Na przykład;
Arystoteles mówi, że kobiety mają mniej zębów niż mężczyźni.

Ale to wcale nie jest tak. I Koran też nie bierze tego do siebie, by o tym wspomnieć.

Księga Boga (Koran) jest naprawdę cudowna w tym, że nauka nadal udowadnia, że jest słuszna, a fakty, które nie zostały jeszcze udowodnione, nie zostały jeszcze odkryte.

Zakładając, że 80% Świętego Koranu zostało udowodnione jako poprawne, a 20% Świętego Koranu nie zostało jeszcze udowodnione (oznacza to, że nie jest to ani udowodnione jako poprawne, ani błędne), jak wspomina również dr Zakir Naik, możemy dać Koranowi korzyść w postaci wątpliwości, aby zobaczyć, jak bardzo jest on dokładny. Zatem zakładając, że skoro 80% Koranu jest naukowo poprawne, powiedzmy, że pozostałe 20%, które nie zostało jeszcze udowodnione, jest również poprawne.

Więc najpierw chodzi o to, że;

"Kto jest posłuszny Posłannikowi, ten jest posłuszny Bogu". (Surat an-Nisa`: 80)

Stąd też to, co powiedział prorok (SAW), również musi być przestrzegane.

Anas ibn Malik (r) powiedział: "Powiem ci Hadith, o której nikt po mnie nie powie. Słyszałem to od Proroka (s). Wiedza pójdzie i pojawi się ignorancja. Wino będzie pijane, a zina (cudzołóstwo) będzie wszędzie. I będzie mniej mężczyzn i więcej kobiet. Za 50 kobiet będzie jeden mężczyzna." (Bukhari i muzułmanin)

Anas ibn Malik (r) powiedział z Signs of Last Days, `ilm idzie i nie wraca:

"Wiedza pójdzie i pojawi się ignorancja".

I kontynuując tę Hadith, powiedział:

"Wino będzie pijane, a zina (cudzołóstwo) będzie wszędzie".

Czy to się dzieje, czy nie? Czy ludzie piją czy nie? [Tak.]

Wszystkie te wydarzenia miały miejsce i Prorok wspomniał o nich 1429 lat temu, czego wszyscy jesteśmy dziś świadkami.

Kiedyś jako jakość proroka, aby zawsze mówić prawdę, to wszystko jest przed naszymi oczami wszystkie proroctwa ustanowione przez proroka (SAW).

1.2 Założenie

Obecnie istnieją dwa źródła, w które wierzymy, że są bardzo dokładne. Podobnie jak cały Koran nie został udowodniony jako poprawny, a 20% jest niejednoznaczne, ahandith (powiedzenia proroka) nie wszyscy przyszli na próbę w odniesieniu do proroctw ostatniej godziny i dajmy korzyść wątpliwości, że wszystkie ahadith są poprawne, co oznacza, że ostatnia godzina przyjdzie dokładnie w sposób opisany przez proroka (SAW). Załóżmy więc, że 100% religii, której uczy nas islam, jest dokładne, a wszystkie fakty wymienione w tradycji islamskiej są prawem.

W oparciu o nie, teraz pracujemy naszą drogę powrotną z Koranu w kierunku teorii, zamiast przechodzić od teorii do prawa.
Bierzemy wszystko, co jest wymienione w Koranie i Sahih (autentyczny) ahadith jako 100% dokładne, co oznacza, że służą one jako "prawo", a następnie wracamy do tworzenia teorii na poparcie tych praw, aby lepiej

zrozumieć rzeczy.

Wszechświat jest ogromny. Jeśli nie będziemy używać Koranu i ahadytu, to możemy skończyć wykonując niekończącą się pracę, nie poruszając się we właściwym kierunku. Ale ponieważ Koran dał nam kierunek do poruszania się, możemy po prostu oprzeć nasze teorie na Koranie (wziętym jako prawo), a następnie spróbować je udowodnić.

O człowieku, który zabił stu ludzi, jest napisane: "Niechaj On będzie uwielbiony i wywyższony! Kiedy umarł, aniołowie miłosierdzia i aniołowie gniewu spierali się, który z nich weźmie jego duszę i zabierze ją do nieba. Historia ta została opowiedziana przez Abu Sa'eeda al-Khudri od proroka (błogosławieństwa i pokój Boga niech będą z nim):

Aniołowie miłosierdzia i aniołowie męki spierali się o niego. Powiedzieli aniołowie miłosierdzia: "On przyszedł pokutując i zwracając się z całego serca ku Bogu. Powiedzieli aniołowie męki: Nigdy nie zrobił nic dobrego. Wtedy przyszedł do nich anioł w postaci człowieka i wyznaczyli go (do decydowania) między nimi. Powiedział: Zmierzyć odległość pomiędzy dwoma krainami, a tym, który jest bliżej, czyli gdzie on należy. Więc zmierzyli go i stwierdzili, że był bliżej ziemi, do której zmierzał, więc wzięli go aniołowie miłosierdzia".

Narratorem jest al-Bukhaari (3740) i muzułmanin (2766).

To pokazuje, że są aniołowie miłosierdzia i aniołowie męki. To dość oczywiste, że anioły miłosierdzia są szczęśliwe z ich twarzy, podczas gdy anioły dręczące są bardzo zły patrząc i poważne (poważne) z ich twarzy.

Zgodnie z islamską tradycją, Muhammad spotkał anioła Maalika podczas swojej niebiańskiej podróży Mi'raj. Dlatego Mahomet przybył do nieba i wszyscy aniołowie powitali go z uśmiechem, z wyjątkiem Maalika. Wtedy Muhammad zapytał Jibra'il, dlaczego pozostaje milczący, ujawnia Maalika jako strażnika piekła, który nigdy się nie uśmiecha. Następnie Muhammed (SAW) poprosił go, aby pokazał piekło, a Maalik otworzył jego bramy, pokazując mu przebłysk cierpienia dla więźniów. [1], [2]

Dowodzi to, że aniołowie odpowiedzialni za męki będą mieli poważne twarze (podobnie jak Maalik, anioł stróż piekła, ma poważną, nie uśmiechniętą twarz jak Hadith).

Sformułowanie prawa do życia po śmierci
Na przestrzeni dziejów metoda naukowa została przyjęta w celu sformułowania ostatecznych praw rządzących systemem. Najpierw jest obserwacja, potem hipoteza, potem tworzy się teoria, a kiedy jest

poparta wystarczającą ilością eksperymentów, staje się prawem. Wyobraźcie sobie, co Koran i Hadith mówią o prawie.
Mamy więc końcową część łańcucha, czyli Prawo, ale brakuje nam teorii i hipotezy, aby je poprzeć. Jest
wystarczająco dużo ahadytu, który wyjaśnia zjawisko śmierci i życia po śmierci i biorąc je za prawo, musielibyśmy użyć naszej wyobraźni, aby dalej konstruować to, co się dzieje i zobaczyć, czy teorie pasują do wszystkich praw islamu w momencie śmierci i że może wyjaśnić wieczne niebo, które istnieją, jak również. Jak to również powiedziano w Koranie

"Allah powie": Jest to dzień, w którym prawdziwi ludzie będą czerpać korzyści z ich prawdy. Są to ogrody, pod którymi płyną rzeki - ich wieczny Dom. Bóg jest z nimi dobrze, a oni z Bogiem. To jest wielkie zbawienie" (5, 119).

1.3 Metodologia

Metoda ustalania tych teorii jako prawa będzie taka sama, jak w przypadku modelu mozaiki Fluid. Tak jak model mozaiki płynów opierał się na pewnych obserwacjach, teorie przedstawione w tym dokumencie opierają się na obserwacji tego, co mówi Allah (SW) i Prorok (SAW) i obejmują one nowoczesną wiedzę fizyki i teorii przedstawionych przez Einsteina i Stephena Hawkinga. Zostały one sformułowane po uważnym obserwowaniu ahadytu i Koranu nad sprawami życia po śmierci. I zakładając, że 100% Koranu i Hadith są poprawne, te teorie mają swoje podstawy w Koranie i Hadith. Jeśli zostaną one udowodnione, będzie to korzystne dla całej ludzkości, ponieważ wtedy będzie ustalona religia, która będzie uważana na całym świecie za prawdziwą, ponieważ wtedy prawie cały Koran będzie udowodnione prawdziwe w przeciwieństwie do 80% Koranu, który jest udowodnione prawdziwe, a 20% nadal jest niejednoznaczne.

1.4 Dyskusja

Teorie te są próbą udowodnienia większości niejednoznacznej części świętego Koranu, tak aby nic nie pozostało niejednoznaczne. Wszyscy musimy dążyć do prawdy. W danych demograficznych szacuje się, że w maju 2018 r. liczba ludności świata osiągnęła 7,6 mld[4] W ciągu ponad 200 tys. lat historii ludzkości liczba ludności świata osiągnęła 1 mld[5], a tylko 200 lat więcej - 7 mld[6] Według badań przeprowadzonych w 2015 r., islam ma 1,8 mld wyznawców, co stanowi około 24% światowej populacji[7] Większość muzułmanów to jeden z dwóch wyznań: Sunni (80-90%, ok. 1,5 mld ludzi)[8] lub Shia (10-20%, ok. 170-340 mln ludzi)[9].

Problem, który należy tutaj zauważyć, polega na tym, że musimy ustalić na pewno, czy naprawdę istnieje religia, która jest prawdziwa, czy też religia po prostu bez powodu tworzy różne kasty. Czy islam jest naprawdę prawdziwy? Czy pozostałe 20% Koranu, które jest niejednoznaczne, jest naprawdę prawdziwe, tak jak pozostałe 80% Koranu? Czy Ahadtithowie są całkowicie prawdziwi, jeśli chodzi o życie po śmierci?
Jeśli tak, to przypadek piekła dla niewiernych jest również prawdziwy

"Zaprawdę, Bóg przeklął niewiernych i przygotował dla nich ogień płomienny!

W którym będą trwać wiecznie"

[al-Ahzaab 33:64]

To jest coś, nad czym warto się zastanowić. Jeśli moje teorie zostaną opracowane i dowiedzione, że są prawdziwe po eksperymentach, to można ustalić w ogromnym stopniu, że islam naprawdę jest prawdziwy o tym, co powiedział.
A potem przychodzi punkt, że, a następnie musimy zrozumieć, że jeśli życie po śmierci naprawdę istnieje i wszyscy niewierni islamu iść do piekła na zawsze, to jest coś poważnego od 7,6 mld światowej populacji minus (-) 1,8 mld ludności muzułmańskiej = 5,8 mld ludzi na świecie, którzy są niewiernych. To 5,8 miliarda ludzi! Wyobraź sobie, że pali się w piekle tylko z powodu niewiary!
Naszym obowiązkiem jako ludzi jest tęsknić za prawdą i szukać jej bez względu na wszystko.
Jeśli islam jest naprawdę prawdziwy, a życie po śmierci się ugruntowuje, to musimy się nad tym zastanowić! Ludzie muszą zmienić religię, ponieważ od tej pory będzie to faktem stwierdzonym, że śmierć na tym świecie nie jest końcem. Ale jest ich jeszcze więcej i więcej! Życie wieczne obiecane przez Boga! A także to, że będzie pokój dla tych, którzy są w niebiosach, który będzie również wieczny! Więc w przypadku, gdy życie po śmierci jest prawdziwe, jak powiedział islam i zostanie udowodnione zgodnie z moją teorią, to tam idziemy! Następnie mamy bardzo jasne wybory, aby następnie czy nadal trzymać się złej religii kojarzenia bogów z Allahem lub pobyt ateistów (zarówno prowadzących do wiecznego piekła) lub zwracamy się do niego w pokucie i wierzą w niego mocno jako Jedynego Najwyższego Pana (prowadzi nas do wiecznego nieba).

"I usuniemy z ich piersi wszelką nienawiść lub poczucie winy" (Koran 7:43).

"Ogrody wiecznej błogości: wejdą tam zarówno sprawiedliwi wśród swoich ojców, jak i małżonkowie i ich potomstwo". Aniołowie wejdą z każdej bramy (z pozdrowieniem): "Pokój niech będzie z wami, abyście wytrwali w cierpliwości! Teraz, jak wspaniały jest ostatni dom!" (Koran 13:23-24). "Nie usłyszą w nim złej mowy ani zlekceważenia grzechu". Ale to tylko powiedzenie: "Pokój! Pokój!" (Koran 56:25-26).

Zgodnie z zasadą, najpierw są teorie! Sprawdzają się na nich. Potem po eksperymentach zostają udowodnione i w końcu się ugruntowują! Tak samo było z modelem Singera i Nicholsona z 1972 roku![3]
Model mozaiki płynów został po raz pierwszy zaproponowany przez S. J. Singera i G. L. Nicolsona w 1972 roku w celu opisania struktury błon komórkowych (Singer i Nicolson1972). Właściwości płynów błon biologicznych funkcjonalnych zostały określone za pomocą eksperymentów znakujących, dyfrakcji rentgenowskiej i kalorymetrii. Badania te wykazały, że białka błony zintegrowanej dyfundują z szybkością zależną od lepkości dwuwarstwowej warstwy lipidowej, w której zostały osadzone, oraz wykazały, że cząsteczki w błonie komórkowej są dynamiczne, a nie statyczne [10].

1.5 Fakty i teorie użyte na poparcie moich teorii

Czas jest stworzeniem Boga (SW). Ale zachowanie czasu jest naprawdę dziwne!
Do sformułowania tej teorii wykorzystane zostaną teorie Einsteina i Stephena Hawkinga. Ale najpierw krótkie wprowadzenie!

Czarna dziura to obszar czasoprzestrzeni charakteryzujący się tak silnymi efektami grawitacyjnymi, że nic - nawet cząstki i promieniowanie elektromagnetyczne, takie jak światło - może z niej uciec[11]
Czarne dziury o masie gwiezdnej powstaną, gdy bardzo masywne gwiazdy zapadną się pod koniec swojego cyklu życia. Po powstaniu czarnej dziury, może ona nadal rosnąć poprzez pochłanianie masy z otoczenia. Wchłaniając inne gwiazdy i łącząc się z innymi czarnymi dziurami, mogą powstać
supermasywne czarne dziury o milionach mas Słońca. Istnieje powszechna zgoda co do tego, że supermasywne czarne dziury istnieją w centrach większości galaktyk.

Teoria ogólnej względności przewiduje, że wystarczająco zwarta masa może deformować czasoprzestrzeń, aby utworzyć czarną dziurę [12], [13]. Granica regionu, z którego nie ma możliwości ucieczki, nazywana jest horyzontem zdarzeń. Chociaż horyzont zdarzeń ma ogromny wpływ na losy i okoliczności przecinającego go obiektu, nie wydaje się, aby jakiekolwiek lokalnie wykrywalne cechy były zauważalne [14]. Pod wieloma względami czarna dziura zachowuje się jak idealne czarne ciało, ponieważ nie odbija światła [15], [16]. Co więcej, teoria pola kwantowego w zakrzywionej czasoprzestrzeni przewiduje, że horyzonty zdarzeń emitują promieniowanie Hawkinga, o tym samym widmie co ciało czarne o temperaturze odwrotnie proporcjonalnej do jego masy. Temperatura ta jest rzędu miliardowych części kelwina dla czarnych dziur w masie gwiezdnej, co czyni ją zasadniczo niemożliwą do zaobserwowania.

Uwaga: - Promieniowanie Hawkinga jest promieniowaniem elektromagnetycznym, które zgodnie z teorią Hawkinga powinno być emitowane przez czarną dziurę [17], [18]. Promieniowanie to wynika z czarnej dziury przechwytującej jedną z par cząstka-cząsteczka utworzoną spontanicznie w pobliżu horyzontu zdarzeń.

Donald Lynden-Bell i Martin Rees w 1971 roku postawili hipotezę, że centrum galaktyki Drogi Mlecznej będzie zawierało supermasywną czarną dziurę. Strzelec A został odkryty i nazwany 13 i 15 lutego 1974 r. przez astronomów Bruce'a Balicka i Roberta Browna za pomocą interferometru Green Bank Observatory of the National Radio Astronomy Observatory [19]. Odkryli źródło radiowe, które emituje promieniowanie synchrotronowe; okazało się, że jest gęste i nieruchome ze względu na swoją grawitację. Była to więc pierwsza oznaka, że w centrum Drogi Mlecznej istnieje supermasywna czarna dziura.
Astronomowie nie byli w stanie obserwować Strzelca A* w widmie optycznym ze względu na efekt 25 magnitud wymierania przez pył i gaz między źródłem a Ziemią [20]. Kilka zespołów naukowców próbowało wyobrazić sobie Strzelec A* w spektrum radiowym za pomocą interferometrii bardzo długiej linii bazowej (VLBI) [21].

Dalekiemu obserwatorowi zegary w pobliżu czarnej dziury wydają się tykać wolniej niż te znajdujące się dalej od niej[22] Dzięki temu efektowi, zwanemu grawitacyjną dylatacją czasu, obiekt wpadający do czarnej dziury wydaje się zwalniać w miarę zbliżania się do horyzontu zdarzeń, a dotarcie do niego zajmuje nieskończoną ilość czasu[23] Jednocześnie, Wszystkie procesy zachodzące na tym obiekcie spowalniają, z punktu widzenia stałego obserwatora zewnętrznego, powodując, że światło emitowane przez ten obiekt wydaje się bardziej czerwone i przyciemniające, co jest efektem znanym jako grawitacyjne przesunięcie ku czerwieni[24] Ostatecznie opadający obiekt zanika, aż nie będzie już widoczny. Typowo proces ten zachodzi bardzo szybko, gdy obiekt znika z widoku w czasie krótszym niż sekunda [25].

Z drugiej strony, niezniszczalni obserwatorzy wpadający do czarnej dziury nie zauważają żadnego z tych efektów, gdy przekraczają horyzont zdarzeń. Zgodnie z własnymi zegarami, które wydają im się normalnie kleszczyć, przekraczają one horyzont zdarzeń po skończonym czasie, nie zauważając żadnego szczególnego zachowania; w klasycznej Ogólnej Relatywności niemożliwe jest określenie lokalizacji horyzontu zdarzeń na podstawie lokalnych obserwacji, ze względu na zasadę równoważności Einsteina. [26], [27]

Shaykh Muhammad al-Ameen al-Shanqeeti powiedział w swojej książce Daf' Ayhaam al-Idtiraab 'an Aayaat al-Kitaab (s. 158):

"Aayah (interpretacja znaczenia) "...I, zaprawde, dzień z waszym Panem jest jak tysiąc lat tego, co uważacie" [al-Hajj 22:47] wskazuje, że długość dnia z Bogiem jest tysiąc lat. To samo wskazuje aayah (interpretacja znaczenia)
On organizuje (każdą) sprawę od niebios do ziemi, a potem (sprawa) pójdzie do Niego, w jednym dniu, w przestrzeni, gdzie jest tysiąc lat twoich obliczeń". [al-Sajdah 32:5]
Inny aayah wskazuje na coś innego (interpretacja znaczenia): "Aniołowie i Kruk [Jibreel] wstępują do Niego w Dniu, którego miarą jest pięćdziesiąt tysięcy lat" [al-Ma'aarij 70:4].

Są dwa sposoby na pogodzenie tych aayaat:

Pierwszy został zgłoszony przez Ibn Abi Haatim za pośrednictwem Sammaak z "Ikrimah z Ibn 'Abbaas: dzień tysiąca lat, o którym mowa w Soorat al-Hajj jest jednym z sześciu dni, w którym Bóg stworzył niebo i ziemię; dzień tysiąca lat, o którym mowa w Soorat al-Sajdah, to czas potrzebny na sprawę, aby przejść do Boga; a dzień pięćdziesięciu tysięcy lat jest Dniem Zmartwychwstania.

Drugi (sposób pogodzenia aayaat) polega na tym, że to, co rozumie się przez wszystkie, to Dzień Zmartwychwstania, a różnica w czasie zależy od tego, czy osoba jest wierzącym, czy kaafirem. Wskazuje na to aayah (interpretacja znaczenia): "Zaprawdę, ten dzień będzie dniem trudnym, dalekim od łatwego dla niewiernych". [al-Muddathir 74:9-10] Te dwie sugestie zostały wspomniane przez autora al-Itqaan. I Bóg wie najlepiej." Księga 40, numer 6790: Tłumaczenie Sahih Muslim, Book : 40

Abu Sa'id al-Khudri doniósł Posłaniec Boga (niech pokój będzie z nim), jak mówi: Więźniowie Raju widzieliby więźniów mieszkania nad nimi, tak jak widać świecące planety, które pozostają na wschodnim i zachodnim horyzoncie ze względu na wyższość niektórych nad innymi. Powiedzieli : Posłaniec Boga, czy w tych mieszkaniach Apostołów inni poza nimi nie mogliby dotrzeć? Powiedział: Tak, przez Niego, w czyjej ręce jest moje życie, dotrą do nich ci, którzy wierzą w Boga i uznają prawdę.

Koncepcja, którą mamy z tego miejsca jest taka, że jeden niebiański apartament może być całą planetą, a każdy niebiański apartament powinien być tak odległy od drugiego, jak odległość pomiędzy dwoma planetami (na przykład jak w naszym układzie słonecznym). Mamy hipotezę, że jedna osoba może mieć całą planetę jako swoje mieszkanie w niebie. Ponieważ wszystkie planety obracają się wokół Słońca w naszym układzie słonecznym, to samo może mieć miejsce w przypadku mieszkań niebieskich, które będą miały międzyplanetarną odległość między sobą i mogą krążyć wokół gwiazdy.

Też;

Książka 40, numer 6780:
Abu Huraira doniósł, że Apostoł Allaha (niech pokój będzie z nim) tak powiedział: Powiedział Bóg Wywyższony i Chwalebny: Przygotowałem dla Moich pobożnych sług, których żadne oko nigdy nie widziało, ani żadne ucho nigdy nie słyszało, i żadne ludzkie serce nigdy nie widziało, lecz świadczy o tym Księga Boga. Potem recytował: "Żadna dusza nie wie, jaki komfort został przed nimi ukryty, w nagrodę za to, co zrobili". (xxxii.17)

Skoro mówi, że żadne ludzkie serce nigdy nie widziało, jak wygląda niebo, to znaczy, że jest ono nie do zrozumienia! Również od tego czasu;

A hadeeth komentarze na temat wieków rajskiego ludu. Istnieje hadeeth, który mówi, że wejdą do raju "w wieku trzydziestu trzech lat" (opowiadany przez al-Tirmidhi, 2545; klasyfikowany jako hasan przez al-Albaani w Takhreej al-Mishkaat, 5634). Ibn al-Qayyim (niech Bóg się nad nim zlituje) powiedział na temat tego wieku: "Za tym wiekiem kryje się oczywista mądrość, ponieważ jest to najdoskonalszy wiek, w którym człowiek jest w stanie najbardziej cieszyć się przyjemnościami fizycznymi i wiek, w którym jego zdrowie i siła są najdoskonalsze". (Haadi al-Arwaah, s. 111).

Jeśli chodzi o to, czy będą się starzeć, istnieją pewne ahaadeeth, które nie potwierdzają, że się nie zestarzeją. To, co zostało udowodnione przez Proroka (pokój i błogosławieństwo Boga niech będzie z nim) jest to, że "nigdy nie stracą swojej młodości". (Mówi al-Tirmidhi, 2539; klasyfikowany jako Hasan przez al-Albaani w Saheeh al-Tirmidhi, 2062). Niezależnie od tego, co się stanie, z powyższej zasady jest pewne, że będą oni w najdoskonalszym stanie, tak więc pozostaną młodzi na wieki wieków, a ich rozkosz będzie wzrastać i nigdy nie będzie maleć, będą żyć dobrze i nic nigdy nie zepsuje ich radości.

Możemy założyć, że czas nie minie dla ludu Jannah! To znaczy, że będzie wieczny. Oni nigdy nie stracą swojej młodości! To znaczy, że nigdy się nie zestarzeją. Starzenie się zdarza się tylko wtedy, gdy czas przez nas przechodzi (szczegóły dalej). Rajscy ludzie nigdy się nie zestarzeją, ale nadal będą przemijać swoje chwile i żyć swoim życiem. Jak wspomniano w następującym Hadeeth;

Księga 40, numer 6786:
Sahl b. Sa'd doniósł Posłaniec Boga (niech pokój będzie z nim) jak mówi: W Raju znajduje się drzewo, pod którego cieniem jeździec może podróżować przez sto lat bez pokonywania (dystansu) całkowicie. Ten hadith został również przekazany na mocy upoważnienia Abu Sa'id al-Khudri, że Apostoł Boga (niech pokój będzie z nim) jest podobno powiedział: W Raju znajduje się drzewo, pod którego cieniem jeździec cienkonogi i jerzyk przemierzałby sto lat nie pokonując całkowicie dystansu. Będzie przyjemność Boga dla więźniów raju i on nigdy nie będzie zły na nich.

1.6 Czas jako posiadający pręty, pałeczki i odcinki

Czyż nie jest to tak dziwne, że w życiu po śmierci dla ludu niebieskiego będą oni na przykład jeździć na koniu przez sto lat, a przez cały ten czas pozostaną również w młodości? Dla nich czas płynie w kategoriach spędzania życia. Oznacza to, że będą przeżywać różne "epizody", takie jak na przykład jazda i odpoczynek oraz jazda i odpoczynek, ale nie będą przeżywać upływu czasu, ponieważ pozostaną młode. Teraz do tego wszystkiego pasuje "czas minie, ale nie minie". Ponieważ to stwierdzenie jest mylące, musimy je podkreślić i wyjaśnić. Innymi słowy, czas musi mieć więcej podjednostek, podobnie jak odległość w kilometrach, metrach itp. Ale nie musimy mówić milisekunda, centisekunda. To więcej niż to!
Aby to wyjaśnić obmyśliłem teorię, że czas (będący wytworem Allaha) ma "kraty, kije i odcinki", a odcinki są najmniejszą jednostką czasu, niezależnie od tego, ile sekund lub milisekund może być w każdym z nich.

The popularny czasoprzestrzenny tkanina model Einstein gdy przynosić do wyobraźnia wyjaśniać czasoprzestrzeń jako arkusz tkanina na che kłaść the słońce i ziemia orbitować the słońce na przykład. Tkanina czasoprzestrzenna na tym obrazie modelowym bardzo często pokazuje, że czasoprzestrzeń (którą ja po prostu nazywam czasem) jako pionowe i poziome linie, które się poruszają. Ze względu na ich ruch, doświadczamy upływu czasu.

Teraz rozważmy tylko jeden zestaw linii. Powiedzmy, że jesteśmy ludźmi i mamy dusze. W takim przypadku, to tak jakby ludzkie ciało było pojazdem, a dusza była jego kierowcą. Pod spodem znajdują się stale poruszające się schody ruchome podłogowe, które są tkaniną czasoprzestrzenną lub po prostu "czasem". Wyobraźmy sobie, że ciągle widzimy poziome linie przechodzące pod nami w stałym tempie. To jest nieunikniony czas, który przez nas przechodzi. Linie, które wizualizujemy, starzeją się, gdy przez nas przechodzą. Te linie, które sprawiają, że starzejemy się i starzejemy z czasem, a następnie umieramy, nazywane są "Bary". Odległość
pomiędzy dwoma słupkami nazywana jest "przedziałem słupkowym", w obrębie każdego przedziału słupkowego znajdują się "kije". Bary są jak pojemniki na płyn, które zawsze są jakoś pełne płynu (pałeczki). Gdy odległość pomiędzy dwoma słupkami (interwał słupkowy) zwiększa się, wtedy dany interwał słupkowy w jakiś sposób może zawierać więcej kijów. Również dlatego, że odległość między dwoma kijami jest "odstępem kija", więc wraz ze wzrostem odstępu między prętami, staje się on zawierać więcej odstępów kija.
Pomiędzy dwoma pałeczkami wyobraź sobie inne linie, które są najprostszymi jednostkami czasu (podobnie jak atomy są najprostszą funkcjonalną jednostką materii). Nazywają to epizodami. Ich liczba jest stała w danym "przedziale czasowym kija".

This shows three bars with two bar intervals. As each bar passes, person experiences passage of time(as can be in the form of aging). As this is the bar interval of ours during our life in this world, it contains a constant number of sticks (brown) and in this instance each bar interval has 3 stick intervals. Within each stick interval, are a constant number of episodes. For example lets say each stick interval can contain 2 episodes only. So in short the more the episodes in a given bar interval, the more life can be enjoyed on.

FIGURE A- Bars, sticks and episodes in this worldly life

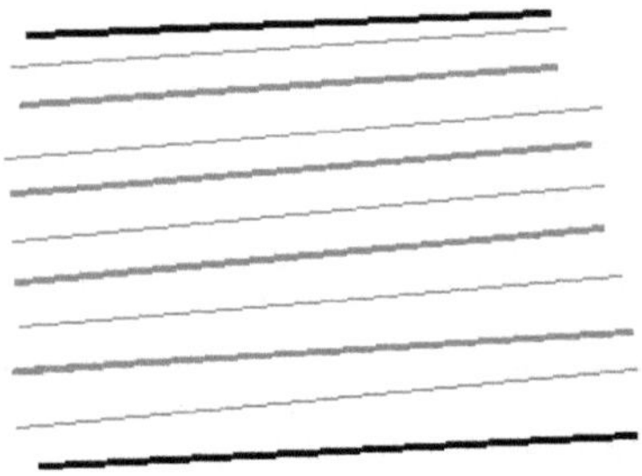

This figure shows how time is at the end of our life. It has a huge bar interval and thence has the ability to acoomodate many stick intervals, in this case 5 stick intervals. thence there are 10 episodes per bar interval here unlike the 6 episodes in the Bar interval in FIGURE A.

This explains how so many events like descent of angels, talking of angels, and taking out of soul happen in a matter of nanoseconds(as briefed in my theory)

FIGURE B- Bars, sticks and episodes at the end of our corridor of life

Ostateczne pręty, pałeczki i epizody to postać czasu.

Teraz zobaczmy scenariusz;

Ludzie w niebie nigdy się nie zestarzeją, a jednak przeżyją kilka epizodów.
To pokazuje, że "kraty" nie przejdą przez nie (ponieważ kraty to jednostki czasu, które sprawiają, że ludzie się starzeją). Jest to możliwe tylko wtedy, gdy odległość między dwoma prętami jest "nieskończona", tak że interwał prętowy jest nieskończony. W takim przypadku w danym odstępie słupkowym powinny występować nieskończone "odstępy kija", a następnie nieskończona liczba "odcinków" przebiegających bez procesu starzenia. Oznacza to, że będziemy cieszyć się ciągłym przeżywaniem epizodów (np. 100 lat) bez doświadczania upływu czasu (barów, które sprawiają, że się starzejemy), ponieważ będziemy młodzi na zawsze.

Rzecz w tym, że mamy stały odstęp między prętami w naszym wszechświecie i w naszym układzie słonecznym Jego równomiernie rozłożone i zobaczymy pewną liczbę prętów przechodzi pod naszymi stopami (wyobraźnia) przed śmiercią.

Jedynym sposobem na pozostanie wiecznym jest nie dopuszczenie do tego, aby następny bar przyszedł i przeszedł przez nas. Zauważ również, że jest to możliwe tylko wtedy, gdy zaczniemy poruszać się z prędkością światła, w której czas stanie się dla nas nieskończony, zgodnie z teorią Einsteina [29]. Ale czy to nie oznacza, że będziemy poruszać się z samym barem? Oznacza to, że bar porusza się z określoną prędkością pod naszymi stopami, przechodząc przez nas samych. A ponieważ przy prędkości światła możemy pozostać przy barze, to prędkość każdego baru, który przez nas przechodzi jest równa "c" (prędkość światła).

Teraz to zwizualizuj. Nie widzimy aniołów w naszym normalnym życiu. Dlaczego nie?

Wyjaśnijmy to.
Jesteśmy duszami jeżdżącymi pojazdem (ciałem). (Teraz jest kilka ahadeeth nad tym w następujący sposób, które są szczegółowo opisane w następnym akapicie). Pod nami jest ziemia, która porusza się nieprzerwanie z prędkością światła. Oznacza to, że w każdej sekundzie pokonujemy odległość 3x10^8 metrów, ponieważ jest to prędkość, z jaką porusza się pod nami ziemia. Ten grunt to czas (jak wyjaśniono później). To jest dla nas niewidzialne. Ale wciąż przez nas przechodzi. Teraz po obu stronach znajdują się ściany wykonane z metalu z zamontowanymi śrubami. Te też są niewidzialne i każdy chodzi po swoim własnym korytarzu.

Dlaczego nie możemy zobaczyć za murami? To dlatego, że Bóg (SW) nie chce. Innymi słowy, łby śrub są po zewnętrznej stronie i tylko aniołowie mogą usunąć metalową płytę z muru korytarza na wolę Allaha (SW), aby zrobić bramę dla siebie do naszego korytarza, aby zabrać naszą duszę, gdy nasz czas się kończy.

Teraz, aby zweryfikować pojęcie ruh(duszy), mamy następujące;

Prawidłowy pogląd, podtrzymywany przez zdecydowaną większość teologów muzułmańskich i popierany przez uczonych Ahlus-Sunnah, jest taki, że terminy nafs i ruh są wymienne. Jednak termin nafs jest zwykle stosowany, gdy dusza jest wewnątrz ciała, a słowo ruh jest używany, gdy dusza jest poza ciałem. Jednak każde z nich ma wyraźnie odrębne i ograniczone zastosowania w pewnych kontekstach.

Ahadith, co dowodzi, że "Nafs i ruh" są takie same.

Umm Salamah (radhiallahu 'anha) doniósł, że Wysłannik Allaha (sallallahu 'alayhi wa sallam) powiedział: "Kiedy ruh jest wyciągnięty, wzrok podąża za nim".

Abu Hurayrah (radhiallahu 'anhu) doniósł, że Wysłannik Allaha (sallallahu 'alayhi wa sallam) powiedział: "Czy nie widzisz, że kiedy człowiek umiera, jego wzrok jest ustalony celowo? To się dzieje, gdy jego wzrok podąża za jego nafsami." Zobacz również "Fath ul-Bayyan" Siddiq'a Hasan'a Khan'a.

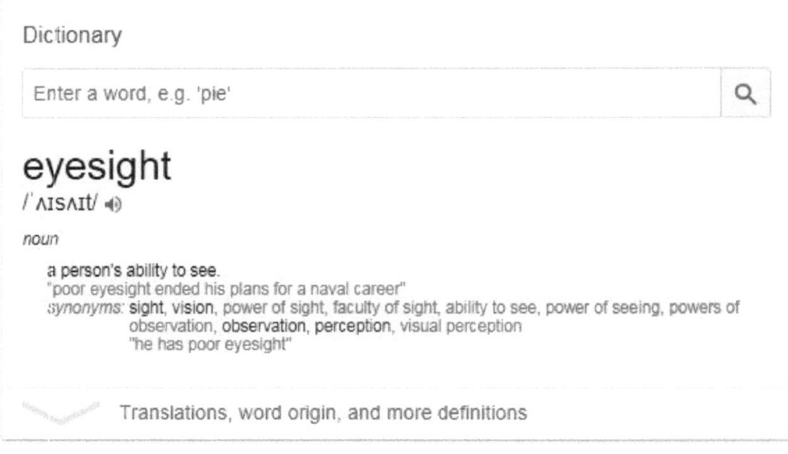

Kiedy zaś wzrok podąża za duszą, to znaczy, że płat wzrokowy ciała fizycznego widzi, że dusza sama odchodzi od ciała. Płat potyliczny zasilany jest w szczególności przez tylną tętnicę mózgową. Zakładając, że śmierć mózgu wymaga zatrzymania jego funkcji przez pnia mózgu, co oznacza koniec z krwią dla mózgu, wtedy wszystkie obszary mózgu zostają pozbawione tlenu z powodu braku tlenu i przepływu krwi do mózgu. Ponieważ jest to zdarzenie równoczesne, możemy założyć, że osoba jest w stanie słyszeć, jak również jej wzrok podąża za duszą w momencie śmierci (opierając się na założeniu, że ponieważ cała struktura mózgu jest tym samym neuronem, stąd czas do śmierci dla wszystkich struktur mózgu, jak tylko bicie serca i oddychanie ustaje po śmierci pnia mózgu są takie same.

Teraz, gdy człowiek może zobaczyć swoją duszę, na pewno widzi też aniołów zstępujących, by wyciągnąć jego duszę. Jak wspomniano w poniższym Hadeeth;

Ibn Maajah (4262) opowiadał z Abu Hurairah, że prorok (błogosławieństwa i pokój Boga niech będą na niego) powiedział:

"Aniołowie przychodzą do umierającego, a jeśli ten człowiek był sprawiedliwy, mówią: "Wyjdź, dobra dusza, która była w dobrym ciele, wyjdź chwalebna i przyjmij radosną wieść o miłosierdziu i zapachu i o Panu, który nie jest zły". I to się powtarza, dopóki nie wyjdzie, potem bierze się go do nieba i otwiera się na niego, i pyta się: "Kto to jest? Mówią: "[Jest] Tak i tak. Mówi się: "Witajcie w dobrej duszy, która była w dobrym ciele". Wejdźcie na chwałę i przyjmijcie radosną wieść o miłosierdziu i zapachu i o Panu, który nie jest zły". I to się powtarza, dopóki nie zostanie sprowadzony do nieba, nad którym jest Bóg, niech będzie uwielbiony i wywyższony. Ale jeśli ten człowiek był zły, to mówią: "Wyjdź o złej duszy, która była w złym ciele. Wyjdźcie na zewnątrz godni potępienia i przyjmijcie wieść o wrzącej wodzie i brudnych wypływach ran i innych podobnych mękach, wszyscy razem [por. Saad 38,58]. I to się powtarza, dopóki nie wyjdzie, potem bierze się go do nieba i nie otwiera się na niego. I jest powiedziane: "Nie ma powitania dla złej duszy, która była w złym ciele. Wróćcie godni potępienia, bo bramy niebios nie otworzą się przed wami". Więc zostaje zesłany z nieba, a potem trafia do grobu."

Ponieważ osoba ta jest w stanie widzieć, zakładając, że wszystkie neurony w mózgu są takie same, wszystkie neurony umarłyby w tym samym czasie, stąd, ponieważ osoba ta jest w stanie widzieć swoją duszę wyjętą zgodnie z poprzednim hadeeth, jest ona również w stanie widzieć anioła zstępującego na dół, aby wyciągnąć swoją duszę, ponieważ dzieje się to przed wyjściem z duszy. A ponieważ widzi, słyszy też anioła mówiącego dobrej lub złej duszy, aby wyszła z ciała.

Teraz. Jeśli człowiek jest w stanie zobaczyć te rzeczy pod koniec czasu, dlaczego nie mówi innym żywym ludziom w jego bezpośrednim otoczeniu, że takie i takie się dzieje? Że widzi anioła miłosierdzia (przy założeniu, że się uśmiecha) albo kąt męki (nie uśmiecha się, bo anioł piekielny według poprzedniego brzmienia też będzie nie uśmiechnięty i surowy, przypomnij sobie. Nazywa się "Maalik, strażnik piekła".

Jeśli tak było, muzułmanie mogą regularnie zgłaszać przed śmiercią, że widzą szczęśliwe twarze zstępujące na dół dla ich dusz, a nie-muzułmanie mogą oczywiście zgłaszać, że widzą anioły udręki (oczywiście o twarzach rufowych) przychodzące, aby zabrać ich dusze. Ale w rzeczywistości, nigdy nie zdarzyło się to tak regularnie.
Ale ponieważ dla tej teorii założyliśmy, że Koran i Ahadeeth są w 100% poprawne, możemy powiedzieć, że wszystko to dzieje się w ostatniej mikro lub nanosekundzie, podczas której nie możemy nic sygnalizować, ponieważ nasze odruchy są zbyt szybkie!
Średni czas reakcji dla człowieka wynosi 0,25 sekundy na bodziec wzrokowy, 0,17 sekundy na bodziec dźwiękowy i 0,15 sekundy na bodziec dotykowy, który jest w ciągu milisekund. [29]

Teraz udowodnijmy ten fakt moim modelem Life after death (model LAD).

1.7 Model życia po śmierci

Bary poruszają się pod nami w tym życiu z prędkością 3x10^8 m/s (prędkość światła). Oznacza to, że w każdej sekundzie pokonujemy duchowo dystans 3x10^8 m. Ale jakie jest naprawdę nasze pole widzenia? Jak daleko naprawdę możemy się posunąć? Maksymalnie widzimy około 300 metrów bardzo wyraźnie, na przykład. Teraz przejdźmy do drugiego. Po przyjściu w ostatniej sekundzie naszego życia, nadal jesteśmy 3x10^8 m od bramy, z której pochodzi anioł i zabiera naszą duszę.
Teraz powiedzmy, że jesteśmy w ostatniej milisekundzie (10^-3 sekundy). W tym momencie wciąż jesteśmy 3x10^8-3 m=3x10^5 m/s=300,000 metrów=300 km od bramy, z której ma przyjść anioł, by zabrać naszą duszę.

Teraz postępujmy w ciągu mikrosekund (10^-6 sekund). W tym czasie jesteśmy 3x10^8-6 m=3x10^2 m=300 m od bramy. W tym momencie może stać się dla nas jasne, co widzimy i w tym momencie nie możemy sygnalizować, ponieważ nasze odruchy nie są tak szybkie, aby przejść dalej i powiedzieć innym ostatnie mikrosekundowe rzeczy.

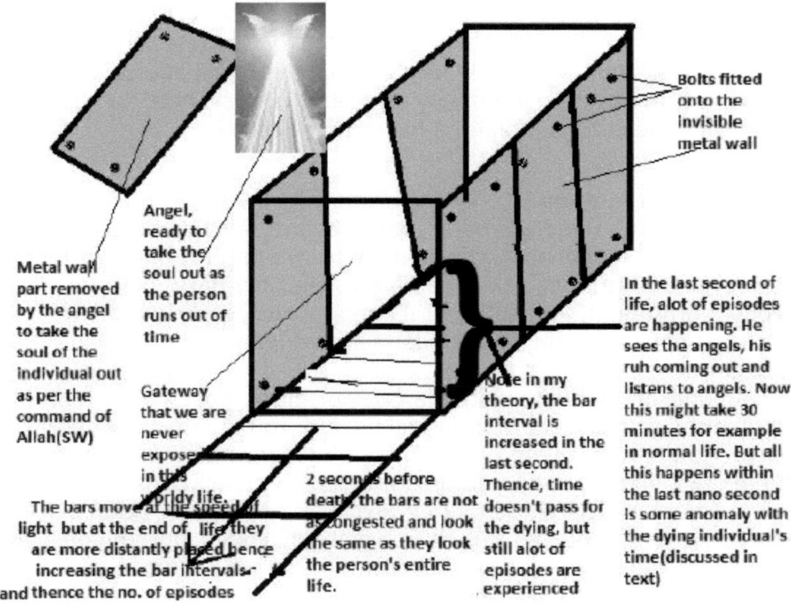

Model życia ostatecznego po śmierci (LAD)

Teraz kolejna rzecz do rozważenia!

A teraz weźmy za to przykład! Człowiek z Ameryki o wzroście 180 cm (1,80 metra) umiera jako muzułmanin. Teraz wyobraź sobie ostatnią mikrosekundową chwilę. W ostatniej mikrosekundzie powinien on znajdować się w odległości 300 metrów od bramy (w tym przypadku otwarta metalowa ścianka boczna). A w ostatniej sekundzie Nano, matematycznie, będzie 3x10^8-9m=0,3m od anioła. Krótko mówiąc, logicznie rzecz biorąc, zacznie widzieć, że jego dusza została wyjęta z tej odległości i to w tym momencie może on słuchać anioła, który prosi, aby dusza wyszła na zewnątrz.

Tak więc, zgodnie z powyższą teorią, pod koniec naszego życia, paski czasowe są oddalone od siebie, ponieważ tylko wtedy czas upływa powoli, jak to może mieć miejsce w pobliżu czarnej dziury. Zgodnie z teorią liczba epizodów wzrasta, ponieważ w jakiś sposób całkowita liczba interwałów kija również wzrasta w każdym przedziale słupkowym (ze względu na większy interwał słupkowy pod koniec czasu). Ale to się zdarza tylko w przypadku czarnych dziur. Ale anioły są zrobione ze światła i są jasne! Więc co to jest, jeśli to jest białe, a nie czarna dziura?

1.8 Teoria Niebios poza

Każda galaktyka ma mieć w środku czarną dziurę, a istnienie czarnych dziur zostało zaobserwowane. Obserwując prawa natury, nawet w najprostszych strukturach, takich jak atom, widzimy pary. Elektron połączony z protonem. Po usunięciu jednego z nich, atom staje się niestabilny, dopóki nie znajdzie kogoś, z kim mógłby się sparować i zneutralizować.
W ten sam sposób, ponieważ istnieją czarne dziury, postawiono hipotezę białych dziur. Ogólnie rzecz biorąc, biała dziura to hipotetyczny obszar czasoprzestrzeni, do którego nie można wejść z zewnątrz, choć materia i światło mogą z niego uciec. W tym sensie jest to przeciwieństwo czarnej dziury, do której można wejść tylko z zewnątrz i z której nie może uciec materia i światło. [30] GRB 060614 to niezwykły wybuch promieniowania gamma (GRB) wykryty przez satelitę Swift 14 czerwca 2006 r. o zastanawiających właściwościach, które stanowią wyzwanie dla obecnych modeli progenitorowych. w 2006 r. widzieliśmy eksplozję światła w głębokiej przestrzeni, której nie potrafimy wyjaśnić w żaden inny sposób. I to jest jeszcze dziwniejsze, niż się wydaje. To się działo przez 102 sekundy [31]
Mówi się również o tym, że nie mogą istnieć w naszym wszechświecie, a jednak są matematycznie możliwe[32].
Biała dziura jest całkowicie hipotetyczna, ponieważ tak naprawdę nie zobrazowaliśmy jej tak wyraźnie, jak zobrazowaliśmy czarną dziurę.
Biała dziura jest, jak czarna dziura, skoncentrowaną masą. Co oznacza, że gdy się do niego zbliżysz, pojawi się dylatacja czasu, która "spowalnia" czas.

Biała dziura miałaby na czas takie same właściwości jak czarna dziura.

Ale dlaczego nie zobaczymy tego w naszym wszechświecie?
Jeśli czarne dziury przenoszą nas z jednego wszechświata do drugiego, to czy białe dziury z innych wszechświatów nie otwierają się do naszego

wszechświata? Jeśli tak, to dlaczego nie zostały one tak wyraźnie wykryte? I dlaczego tak krótko?

Teraz. Skoro jest czarna dziura. Tam musi być biała dziura. Zgodnie z moją teorią, aniołowie schodzą i zabierają duszę człowieka. Czyż nie wszyscy aniołowie nie są teraz ubrani na biało? Czyż sama dusza nie jest biała jak prorok (SAW)? Patrz;

W oparciu o te wszystkie fakty można dalej zakładać, że wszystkie korytarze) w dzisiejszym świecie liczą około 7,6 miliarda ludzi, a więc 7,6 miliarda korytarzy. Wszyscy będą mieli wspólny koniec. Anioły zstępujące i zabierające swoją duszę na zewnątrz, idące do drzwi nieba i w zależności od swoich czynów na tym świecie, drzwi nieba mogą się otworzyć lub pozostać zamknięte. Patrz poniższy odnośnik;

Ibn Maajah (4262) opowiadał z Abu Hurayrah, że prorok (błogosławieństwa i pokój Boga niech będą na niego) powiedział:

"Aniołowie przychodzą do umierającego, a jeśli ten człowiek był sprawiedliwy, mówią: "Wyjdź, dobra dusza, która była w dobrym ciele, wyjdź chwalebna i przyjmij radosną wieść o miłosierdziu i zapachu i o Panu, który nie jest zły". I to się powtarza, dopóki nie wyjdzie, potem bierze się go do nieba i otwiera się na niego, i pyta się: "Kto to jest? Mówią: "[Jest] Tak i tak. Mówi się: "Witajcie w dobrej duszy, która była w dobrym ciele". Wejdźcie na chwałę i przyjmijcie radosną wieść o miłosierdziu i zapachu i o Panu, który nie jest zły". I to się powtarza, dopóki nie zostanie sprowadzony do nieba, nad którym jest Bóg, niech będzie uwielbiony i wywyższony. Ale jeśli ten człowiek był zły, to mówią: "Wyjdź o złej duszy, która była w złym ciele. Wyjdźcie na zewnątrz godni potępienia i przyjmijcie wieść o wrzącej wodzie i brudnych wypływach ran i innych podobnych mękach, wszyscy razem [por. Saad 38,58]. I to się powtarza, dopóki nie wyjdzie, potem bierze się go do nieba i nie otwiera się na niego. I jest powiedziane: "Nie ma powitania dla złej duszy, która była w złym ciele. Wróćcie godni potępienia, bo bramy niebios nie otworzą się przed wami". Więc zostaje zesłany z nieba, a potem trafia do grobu."

Teraz, skoro jest wspólny koniec. A także zauważyć, że wszystkie anioły są zrobione ze światła. Łącząc więc hipotezę, że biała dziura emituje materię i światło, otrzymujemy następujące wnioski;

"Biała dziura jest jak gałka lodów waniliowych z 7,6 miliarda wafli włożonych do wanilii. Opłatki są korytarzami, po których wszyscy chodzą w tym życiu. A wszystko to jest niewidoczne (ukryte/ukryte) przed ludzkim okiem. W przeciwnym razie, logicznie rzecz biorąc, białe dziury powinny być tak samo widoczne jak czarne".

Również niebo jest gdzieś w pobliżu białej dziury. Tak jak Strzelec A (gwiazda niewidoczna w widmie wizualnym) krąży wokół czarnej dziury, tak też mogą istnieć gwiazdy krążące wokół białej dziury. I stamtąd gdy tam móc gwiazda, tam móc planeta orbitować the biały dziura i stamtąd każdy planeta móc jako mieszkanie w niebo (jak na the hadeeth wspominać poprzedzający). Ponadto, ponieważ gwiazda będzie hipotetycznie krążyć wokół białej dziury, tak jak Strzelec A krąży wokół supermasywnej czarnej dziury naszej galaktyki, znajdziemy się w zasięgu białej dziury, co oznacza, że grawitacja będzie wpływać na czas, a następnie "odstępy między prętami" będą się zwiększać, powodując wzrost "odstępów między prętami", a następnie wzrost epizodów. Również dlatego, że w pobliżu białej dziury, przerwa między prętami będzie nieskończona, będziemy cieszyć się życiem wiecznym, jeśli wejdziemy do nieba Insha Allah (SW).

Inną rzeczą jest to, że cokolwiek wierzący chcą w niebie, zostanie im dane. Biała dziura będzie stale emitować materię i światło, w przeciwieństwie do czarnej dziury, która wysysa materię i światło z naszego wszechświata. Oznacza to, że będzie istniał stały dopływ wszystkich materiałów w niebie. Czynniki te przemawiają za tym, że niebo może być wokół białej dziury.
Notatka:- The poprzedzający wywodzi się przy założeniu, że the Święty Koran, Ahadeeth, Einstein's relativity teoria i the biały dziura hipoteza wydział naukowy być ważny.

Dlaczego ta biała dziura jest ukryta przed nami w naszym życiu? Dlaczego nie możemy wizualizować tego tak, jak z powodzeniem wizualizujemy czarną dziurę?

To było opowiadane, że Abu Hurairah (niech Bóg będzie z niego zadowolony) powiedział: "Posłaniec Boga (niech pokój i błogosławieństwo Boga będzie z nim) powiedział (że Bóg powiedział): "Przygotowałem dla moich sprawiedliwych niewolników to, czego nie widziało żadne oko, nie słyszało ucho, i nigdy nie weszło to do umysłu człowieka". Recytuj, jeśli chcesz:

"Żaden człowiek nie wie, co jest dla nich ukryte, w nagrodę za to, co kiedyś robili".
[Al-Sajdah 32:17]
(Al-Bukhaari, 3244; Muzułmanin 2824).

Żaden człowiek nie wie, co jest ukryte. Nigdy nie dowiemy się o białej dziurze w tak wielu szczegółach, jak wiemy o czarnej dziurze. To jest jedno z wyjaśnień, dlaczego nie możemy wizualizować białych dziur w naszym wszechświecie i tak dalej.

------------------------------------ --------------------------------------

2 Sekcja II

2.1 Udowodnienie tego, co niewidoczne

I pytają cię, [O Muhammad], o ducha [rűh]. Powiedz: "Duch jest ze sprawy mojego Pana". A ludzkość otrzymała tylko trochę wiedzy.
- Koran 17:85

Jak teraz udowodnić życie po śmierci i teorie dotyczące nieba?

UWAGA:-

- Nie jest możliwe udowodnienie istnienia niebios, ponieważ są to miejsca, których nikt nigdy nie znał według samego Koranu! Możemy jedynie hipotezować, w jaki sposób znajdują się one w tkaninie czasoprzestrzennej, jak to zrobiono na poprzednich stronach.
- Ale skoro ludzkości dano trochę wiedzy o duchu, możemy spróbować udowodnić wspomnianą wyżej teorię LAD (Life After Death), aby naprawdę dowiedzieć się trochę, jak wygląda ruletka. Zgodnie z powyższym Ayah, istnieje nadzieja, że naprawdę możemy dowiedzieć się, jak wygląda duch, choć nie możemy w pełni zrozumieć, dlaczego funkcjonuje tak, jak funkcjonuje. To wie tylko Bóg.
- Opierając się na teorii LAD, możemy jedynie hipotezować o istnieniu nieba i ziemi, tak jak to uczyniliśmy powyżej w sekcji I.

2.2 Metodologia

Poniżej znajduje się modyfikacja VEP (Visual Evoked Potential)[33], [34], która może być utworzona teoretycznie.

Musimy korzystać z najnowocześniejszych urządzeń sztucznej inteligencji. Najpierw musimy przeprowadzić eksperymenty instalując elektrody mikroprocesorowe, które pokryją całą pierwotną korę wzrokową mózgu niższych zwierząt (jak karaluch), ponieważ będzie to przyjazne finansowo (ponieważ mniej elektrod i materiałów wymaganych zgodnie z wielkością mózgu karalucha) i zbierać informacje w postaci fal, które mogą być rejestrowane na ekranie komputera. Każda fala powinna być odrębna dla danego koloru. Byłoby to tak, jakby czerwony powodował określoną falę, zielony kolejną falę sygnatury, a niebieski kolejną falę sygnatury. Wtedy to będą alfabety. Ponieważ u zwierząt o niższej rozdzielczości będziemy musieli oddzielić elektrody w taki sposób, aby każdy obszar ich wzroku w pierwotnej korze wzrokowej (korze wzrokowej) był potraktowany z wielką precyzją. Następnie należy przekazać tę falę oprogramowaniu komputerowemu, na przykład, jeśli jest tam zielona fala, komputer powinien wyświetlić zielony kolor w tej części pola widzenia, w której karaluch widzi zielony.

Jeśli eksperymenty się sprawdzą, musimy przeprowadzić doświadczenia na stosunkowo wyższych zwierzętach, które mają w mózgu sulci i gyri. Musimy zastosować mikroelektrody (nowy wynalazek, który jest potrzebny i byłby podobny do mikrochipa) bardzo blisko powierzchni płata potylicznego po wykonaniu kraniotomii pod pewnym znieczuleniem. Następnie pokaż zwierzętom określony kolor i zapisz falę. I w końcu przejść od prostych kolorowych obrazów do złożonych binarnych, a następnie bardziej złożonych obrazów. Sprawdźcie, czy to, co znajduje się przed zwierzętami, w końcu trafia na ekran komputera, tak jakbyśmy teraz byli odpowiedzialni za pierwotną korę wzrokową mózgu. Ponieważ jest to tylko pierwotna kora wzrokowa, nie będziemy mieli do czynienia z falami pamięci (wtórna kora wzrokowa).

Teraz musimy sprawić, aby mikroprocesor mikroelektrodowy był bezprzewodowy, tak aby można go było wszczepić wewnątrz czaszki w aplikacji z pierwotną korą wzrokową wzdłuż całego sulci i gyri w postaci ciągliwego mankietu, który nie powoduje reakcji ciała obcego. Na początku byłoby to dość kosztowne.

Zaoferuj to najpierw zwierzętom i sprawdź, czy mamy to, co one widzą. Jeśli uzyskamy dokładną precyzję w obrazie tego, co widzą zwierzęta, tzn. to, co znajduje się przed nimi, zostanie zarejestrowane na ekranie komputera, wówczas szczególną uwagę można zwrócić na koguta (koguta) i osła, ponieważ ;

Narrator Abu Huraira: Prorok (ﷺ) powiedział: "Kiedy słyszysz wrzask kogutów (Rooster), poproś o błogosławieństwo Boga dla (ich wrzask wskazuje, że) widzieli anioła. A kiedy słyszysz, jak duszą się osły, szukaj u Boga schronienia przed szatanem, bo (ich duszenie wskazuje), że widzieli szatana". -- Sahih al-Bukhari 3303

Teraz, gdy skończyliśmy ze zwierzętami, musimy zaoferować tę technologię ludziom w fazie 4 prób. Ludzie, którzy są w podeszłym wieku i muzułmanów i są dawcami organów można wyjaśnić, dlaczego ten chip musi być wszczepiony w części, aby zweryfikować deen (islam) potwierdzające życie po śmierci, a po drugie, aby dowiedzieć się więcej o naszym ukrytym wszechświecie (jeśli istnieje), ponieważ mózg zmarłej osoby może być używany tylko do celów badawczych, choć inne organy mogą być używane do przeszczepów.

Do grupy tej możemy zaliczyć również pacjentów z nawracającymi niepokojącymi psychozami, u których obserwuje się halucynacje. W takim przypadku mówimy pacjentowi, że musimy posunąć się naprzód w naszym rozumieniu halucynacji i że możemy być w stanie lepiej ukierunkować halucynacje, jeśli na przykład dowiemy się, jak bardzo mogą być one przerażające.

W przypadku ludzi będziemy musieli najpierw uzyskać zgodę etyczną [35] komisji etycznej i sądu, a następnie zaangażować neurochirurgów w wykonanie otworu w kształcie zadzioru lub wykonanie kraniotomii i umieszczenie chipa w ścisłej relacji do pierwotnej kory wzrokowej płata potylicznego za pomocą technik neurochirurgicznych. [36]

Miejsce rany powinno być zamknięte [37], a materiał chipu powinien być niereaktywny lub nieimmunogeniczny. Powinna ona również obejmować technologię bezprzewodową, tak aby przesyłać to, co osoba widzi, na ekran komputera.

Osoby, które najprawdopodobniej skorzystają z niego w tym życiu, to przede wszystkim pacjenci psychiatryczni. Ponadto technologia ta może być również stosowana w przypadkach szpiegowskich, jeśli zasięg sieci bezprzewodowej zostanie zwiększony. Ale główny nacisk nadal kładziony jest na uzyskanie etycznego pozwolenia na to, by uwidocznić życie po śmierci jako proroctwo religii islamu.

Zmodyfikowana wersja Audiometrii wywołanej pnia mózgu (BERA) [38] może być również użyta przy użyciu mikroelektrod w celu dalszego udoskonalenia fal dźwiękowych i uniknięcia zakłócania zapisu BERA przez fale myślowe człowieka.

To znowu będzie miało ogromne znaczenie dla pacjentów psychiatrycznych i zostanie wykorzystane do określenia ich halucynacji słuchowych. Te same zasady miałyby prawdopodobnie zastosowanie również w przypadku rozwoju technologii. W przypadku, gdy z perspektywy życia po śmierci, można go użyć do dekodowania fal nagranych z pnia mózgu na rzeczywiste dźwięki, aby naprawdę wyobrazić sobie, jak anioły mogą oddziaływać z umierającą osobą.

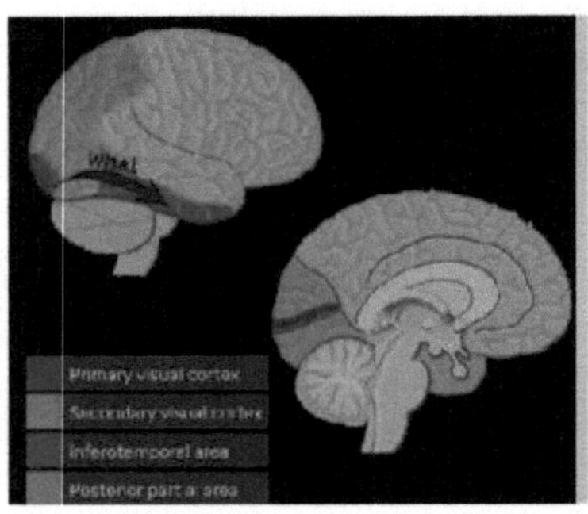

Hypothetical cuff microelectrode chip device that will form a cuff at the posterior part of the brain and thence cover both the medial and lateral aspects of the 'primary visual cortex'.

---

3 Sekcja III

3.1 Uwaga końcowa

Ostatnie rzeczy, które należy rozważyć, idą w dół.

3.2 A co z piekłem?

Hadiths, które zostały opowiedziane na temat lokalizacji piekła pod siedem mórz są da'eef (słaby). Możemy polegać tylko na autentycznym sahih bukhari ahadeeth. Na pewno nie możemy stworzyć teorii o tym, gdzie do cholery jest. Ale ponieważ jest wiele szachów o tym, jak wygląda niebo, możemy z pewnością przewidzieć, jak będzie tam czas.

A także powyższa teoria dylatacji czasu oraz teoria pasków, kijów i epizodów mówi, że;

W miarę upływu czasu liczba rzeczy, które mogą się zdarzyć w najmniejszym możliwym czasie, np. nanosekund, staje się nieskończona. Dzieje się tak dlatego, że teraz przedział słupkowy się wydłużył i może pomieścić nieskończoną ilość zdarzeń (na przykład), jeśli sam przedział słupkowy jest nieskończenie długi. To może się zdarzyć w przypadku;

1. Podróżowanie z prędkością światła (lub nadążanie za prędkością pręta, aby zatrzymać go przed przepłynięciem pod tobą/ przez ciebie) zapobiega starzeniu się i zjawisku upływu czasu. Skutkuje to nieskończonymi odstępami między kijami, a następnie nieskończonymi epizodami, które można przeżyć w danym interwale słupkowym.
   To tłumaczy incydent z Mi'rajem.
   Al-Burāq (po arabsku: ٱلْبُرَاق *al-Burāq* lub "piorun") to rumak z mitologii islamskiej, stworzenie z niebios, które transportowało proroków.

Przede wszystkim Buraq niósł islamskiego proroka Muhammada z Mekki do Jerozolimy i z powrotem w czasie Isry i Mi'raj lub "Nocnej Podróży" [39], jak mówi się w literaturze hadytowej. Ponieważ samo słowo "Burraq" oznacza "piorun", który również wskazuje na prędkość tego stworzenia. Kiedyś istniała dylatacja czasu, chociaż skoro nad prześcieradłem Proroka nie ma szafy z autentycznym ahadeetem, to prześcieradło jest ciepłe, a klamka się porusza, więc nie możemy powiedzieć, jaka to była naprawdę sprawa. Jeśli tak było, to również teoria wyjaśnia to wszystko z czasem dylatacji z prędkością światła i zwiększone epizody zostały doświadczone przez Proroka Mahometa (SA) jak spotkanie aniołów i biorąc okrąg nieba.

2. Dylatacja czasu, jak na wypadek, gdybyśmy zbliżyli się do czarnej dziury. I w tej teorii, ponieważ docieramy do białej dziury (która nigdy nie była obserwowana tak wyraźnie, jak czarna dziura budząca wątpliwości co do ich istnienia, ale jest matematycznie możliwe), a biała dziura jest hipoteza, że rozszerza czas w taki sam sposób, jak czarna dziura, powodując grawitacyjny wpływ na czas i powodując, że pręty oddzielają się dalej od siebie powodując zwiększenie odstępów prętów.

Zauważ również, że piekło nie zawsze jest miejscem wiecznym, jak niebo. To może być zarówno wieczne (jak w przypadku niewiernych), jak i zakończyć się na woli Boga (SW) po pewnym czasie.

"Zaprawdę, ci, którzy nie wierzą w Nasze wersety - wpędzimy ich w ogień". Za kazdym razem, kiedy ich skóry beda pieczone, zastapimy je innymi skórami, aby mogli skosztowac kary. Rzeczywiście, Bóg jest zawsze wywyższony w prawdzie i mądrości." (Koran 4:56)

Ponieważ werset ten pokazuje, że spalona skóra zostanie zastąpiona przez nową, można to wyjaśnić tylko wtedy, gdy nastąpi odwrócenie czasu, co w teorii względności nie jest możliwe. Potrzebujemy zatem znacznie lepszych równań, aby zrozumieć mechanizm działania piekła. W tym celu musimy zebrać wszystkich Saheitów i wypracować równanie, co do którego fizycy się zgadzają, równanie, które pokaże odwrócenie czasu jest możliwe!
Ponieważ nigdy nie będziemy w stanie zobaczyć nieba i piekła w ciągu naszego życia, ponieważ jest to obszar ukryty, musimy zrozumieć, że równania piekła mogą być matematycznie możliwe, tak jak "biała dziura" jest. Ale nie da się ich udowodnić w prawdziwym życiu, tak jak biała dziura jest nadal hipotezą matematyczną!

Jedna rzecz, w której piekło jest podobne do nieba, to to, że będzie ono również w poziomach podobnych do nieba. Ale nie wiemy, jak daleko zajdą te poziomy, ponieważ nie zostały one podkreślone. Poziomy piekła mogą być znane z następujących;

Prorok Muhammad (SAW) mówił o najlżejszej karze w Piekle:

"Człowiekiem, który otrzyma najmniejszą karę wśród ludu piekielnego w Dniu Zmartwychwstania będzie człowiek, tlący się bursztyn zostanie umieszczony pod łukiem jego stopy". Jego mózg będzie się z tego powodu gotował."
(Sahih Al-Bukhari)

Również najniższy poziom to: "Hipokryci będą w najniższych głębinach Ognia". (Koran 4:145)

Z Abu Hurayra donosi się, co następuje: Wysłannik Boga (pbuh) powiedział: **"***Twój ogień jest tylko jedną częścią z siedemdziesięciu części ognia piekielnego***". I** powiedzieli wtedy towarzysze: **"***O Poslancu Boga! Na Boga, wystarczy ogień na świecie."* Prorok (pbuh) powiedział: **"***Ogień piekielny stał się sześćdziesiąt dziewięć razy cięższy od ognia na świecie. Temperatura jednego z nich jest jak temperatura całych pożarów świata." (Bukhari, Muzułmanin i Tirmidhi)*

To coś, czego naprawdę nie możemy doświadczyć. I Bóg wie najlepiej. Najpierw musimy uzyskać równania w czasie odwrócenia, ponieważ wywodzi się ono z tego, że jak Bóg da ludziom piekła nową skórę, to znaczy, że czas odwróci się tak, że skóra wróci na spalone miejsca.

3.3 Życie po śmierci i życie w grobie poza bramą niebios udowodnione w Ahadeeth

W odniesieniu do pytań, które aniołowie będą zadawać w grobie, jest to wyjaśnione wyraźnie w poniższym hadeeth:

To było opowiadane, że al-Bara' (niech Bóg będzie z niego zadowolony) powiedział: *Wyszliśmy z Posłańcem Boga (pokój i błogosławieństwo Boga niech będzie z nim) na pogrzeb człowieka z pośród Anzarów. Przyszliśmy do grobu i kiedy (zmarły) został umieszczony w lahdzie (grobie), Posłaniec Boga (pokój i błogosławieństwo Boga niech będzie na niego) usiadł i usiadł wokół niego, jak gdyby na naszych głowach były ptaki (tj. cicho i spokojnie). W dłoni miał kij, którym drapał się po ziemi. Potem podniósł głowę i powiedział: "Szukajcie u Boga schronienia przed męką grobu", dwa lub trzy razy. Wtedy powiedział: "Kiedy wierzący niewolnik ma odejść z tego świata i wejść do zaświatów, zstąpią do niego z nieba aniołowie z białymi twarzami jak słońce, a oni siedzą wokół niego tak daleko, jak tylko oko może zobaczyć. Przywiozą ze sobą całuny z raju i perfumy z raju. Wtedy przychodzi aniol smierci i siada przy jego glowie, a on mówi: "O dobra dusza, wyjdz na jaw przebaczenie od Boga i jego przyjemnosci! Potem łatwo wychodzi jak kropla wody z ust wodnej skóry. Kiedy ją chwyta, nie zostawiają jej na chwilę w jego ręce, zanim nie wezmą jej i nie włożą do tego całunu z tymi perfumami, a z niego wydobywa się zapach jak z najlepszego piżma na twarzy ziemi. Wtedy oni wznoszą się i nie przechodzą obok żadnej grupy aniołów, lecz mówią: "Kim jest ta dobra dusza?" i mówią: "Tak i tak jest, synu Tak i tak, nazywając go najlepszymi imionami, jakimi był znany na tym świecie, aż dotrą do najniższego nieba. Oni proszą o to, aby było to dla nich otwarte i aby było to otwarte; i (dusza) jest przyjmowana i towarzyszy jej do następnego nieba przez tych, którzy są najbliżej Boga, aż do siódmego nieba. Wtedy Bóg mówi: "Zapiszcie Ksiege Mego slugi w "Illiyoon w siódmym niebie i zwróćcie go na ziemi, bo z niej ich stworzylem, do niej ich zwróce i z niej ich sprowadze na nowo". Więc jego dusza wraca do jego ciała i przychodzą do niego dwaj aniołowie, którzy sprawiają, że siedzi i mówią do niego: "Kto jest twoim Panem?" On mówi: "Bóg". Mówią, "Jaka jest twoja religia? Mówi: "Moja religia to islam. Oni mówią: "Kim jest ten człowiek, który został posłany między wami?" On mówi: "On jest Posłańcem Boga (pokój i błogosławieństwo Boga niech będzie z nim)". Oni mówią: "Co zrobiłeś?" On mówi: "Czytałem Księgę Boga i uwierzyłem w nią. Wtedy głos woła z nieba, "Mój niewolnik powiedział prawdę, więc przygotuj mu łóżko z raju i odziać go z raju, i otworzyć dla niego bramę do raju". Potem przychodzi do niego trochę jego zapachu, a jego grób jest szeroki, o ile może zobaczyć. Potem przychodzi do niego mężczyzna o przystojnej twarzy i przystojnym ubraniu, o dobrym zapachu, który mówi: "Przyjmijcie radosną nowinę, która przyniesie wam radość tego dnia". On mówi: "Kim jesteś? Twoja twarz jest twarzą, która przynosi radosną nowinę. Mówi: "Jestem twoimi sprawiedliwymi czynami. Mówi: "O Panie, przyśpiesz Godzinę, abym mógł wrócić do mojej rodziny i mojego bogactwa. Ale kiedy niewierny niewolnik ma odejść z tego świata i wejść do zaświatów, zstąpili do niego z nieba aniołowie z czarnymi twarzami, przynosząc worek, a oni siedzą wokół niego, jak daleko oko widzi. Wtedy przychodzi Anioł Śmierci i siedzi przy jego głowie, a on mówi: "O złej duszy, wyjdź na jaw gniew Boga i jego gniew". Wtedy jego dusza rozprasza się w jego ciele, potem wychodzi rozcinając żyły i nerwy, jak sztylet przechodzący przez mokrą wełnę. Kiedy go chwyta, nie zostawiają go na chwilę w jego ręce, zanim nie wezmą go i nie włożą do tego worka, a z niego wydobywa się smród jak najbrudniejszy smród martwego ciała na twarzy ziemi. Wtedy oni wznoszą się i nie przechodzą obok żadnej grupy aniołów, lecz mówią: "Kim jest ta zła dusza?" i mówią: "Tak i tak jest, synu Tak i tak, nazywając go najgorszymi imionami, którymi był znany na tym świecie, aż dotrą do najniższego nieba. Proszą o otwarcie go dla nich i nie jest otwarty." Wtedy recytował Posłaniec Boga (pokój i błogosławieństwo Boga niech będzie z nim) (interpretacja znaczenia):*

"Dla nich bramy niebios nie zostaną otwarte i nie wejdą do raju, dopóki wielbłąd nie przejdzie przez ucho igły".

[al-A'raaf 7:40]

Powiedział: "Wtedy Bóg mówi: "Zapiszcie księgę mojego niewolnika w Sijjeen na najniższej ziemi i zwróćcie go na ziemię, bo z niej ich stworzyłem, do niej ich zwrócę i z niej ponownie ich wyprowadzę". Więc jego dusza jest odrzucona." Wtedy Posłaniec Boga (pokój i błogosławieństwo Boga niech będzie z nim) recytował werset (interpretacja znaczenia):

"A kto przypisuje wspólników Bogu, ten jakby spadł z nieba, a ptaki go porwały, albo wiatr wyrzucił go na dalekie miejsce".

[al-Hajj 22:31]

On *powiedział: "Wtedy jego dusza powraca do jego ciała, i przychodzą do niego dwaj aniołowie, którzy każą mu siedzieć i mówią do niego: "Kim jest twój Pan?" On mówi: "Och, och, nie wiem. Mówią, "Jaka jest twoja religia? Mówi, "Oh, oh, nie wiem. Wtedy głos woła z nieba: "Przygotuj dla niego łóżko z piekła i ubierz go z piekła, i otwórz dla niego bramę do piekła". Potem przychodzi do niego jakiś jego gorący i gorący wiatr, a jego grób jest zwężony i ściska go, aż żebra się zazębią. Potem przychodzi do niego mężczyzna z brzydką twarzą i brzydkim ubraniem, i wstrętny smród, który mówi: "Przyjmij złe wieści, to jest ten dzień, który ci obiecano". On mówi: "Kim jesteś? Twoja twarz jest twarzą, która zapowiada zło. Mówi: "Jestem twoimi złymi uczynkami. Mówi: "Panie, nie pozwól, aby nadeszła Godzina, nie pozwól, aby nadeszła Godzina.*

Narracja Abu Dawooda, 4753; Ahmada, 18063 - ta wersja została przez niego opowiedziana. Klasyfikowany jako saheeh przez al-Albaani w *Saheeh al-Jaami"*, 1676.

3.4 Koncepcja dnia sądu

Też;

Interpretacje Koranu dają następującą specyfikę:

1. Czas jest znany tylko Bogu (Sahih Bukhari Volume 009, Book 088, Hadith Number 237).

   1. Nawet Muhammad nie może jej przedstawić (Sahih Muslim Book 40, Hadith Number 6840).
   2. Ci, którzy byli martwi, gdy zmartwychwstaną, uwierzą, że między śmiercią a zmartwychwstaniem upłynął krótki czas (Musnad Imam Ahmad (nr 21,334 i nr 21,335).

2. Nic nie pozostanie poza Bogiem (Sunan At-Tirmidhi 2209)

   3. Bóg wskrzesi wszystkich, nawet jeśli obrócili się w kamień lub żelazo (Sahih Bukhari Tom 1, Księga 3, Hadith Numer 81)
   4. Ci, którzy zaakceptowali fałszywe bóstwa, będą cierpieć w życiu pozagrobowym (Musnad Ahmad).

Ponieważ minął czas będzie krótki w ahadeeth, wyjaśnijmy to.

W momencie śmierci, większe odstępy między prętami są tam, aby pomieścić dużą liczbę epizodów w momencie śmierci.

Teraz, gdy człowiek jest martwy, a jego dusza wraca do grobu, wtedy ma bramę do nieba otwartą, aby mógł mieć jego zapach.

3.5 Model wyjaśniający brak upływu czasu (słupków) w niebie i upływ jakiegoś czasu, jeśli poza bramą nieba (łączący dwa powyższe nagłówki)

W oparciu o założenie teorii LAD, ponieważ niebo ma w swojej naturze wieczność, więc odstępy między prętami będą ogromne i będzie się działo wiele epizodów. Tak, ponieważ interwały paskowe będą zawierały wiele interwałów kija, należy zauważyć, że dana osoba nie jest jeszcze w niebie. On jest na granicy lub bramie nieba (jako że brama nieba jest otwarta zgodnie z hadith dla niego, aby mieć zapach). Ponieważ zapach może przychodzić, tak samo może płynąć tkanina czasoprzestrzenna. A ponieważ nie ma go w niebie (zakłada się, że jest w nieskończenie dużym interwale prętów, stąd pręty są podobno duże, ale nie nieskończone. Kiedyś minie czas (dla osoby w grobie), ponieważ jest ona jeszcze trochę daleko od strefy wiecznej, co oznacza, że kraty są umieszczone dalej od siebie, ale nie w nieskończoność.

Spełnia to wszystkie ahadeeth i Koraniczne wersety.

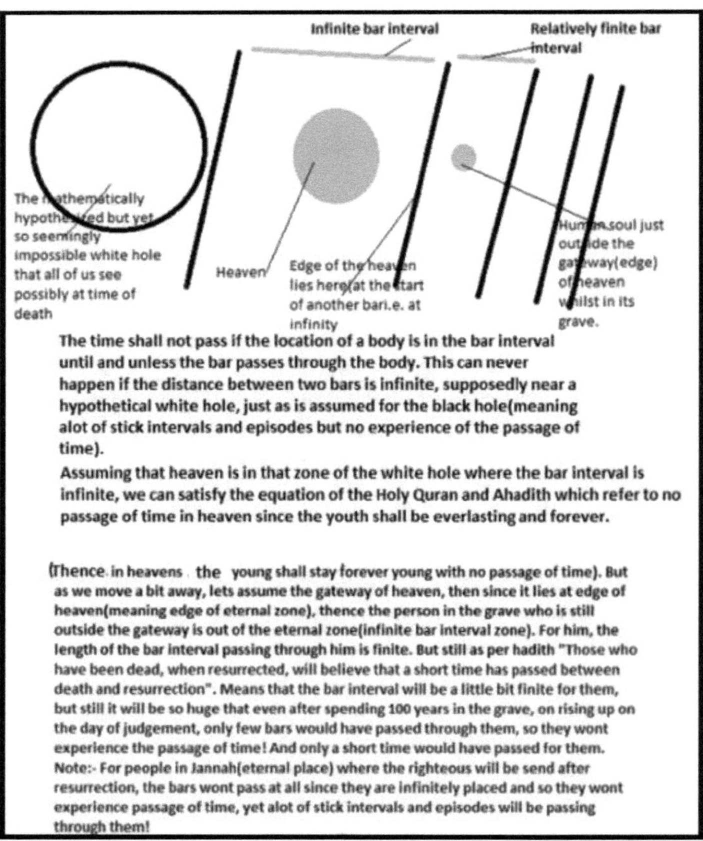

Model wyjaśniający czas (kraty), jak będą one w niebie i w grobie prawdziwego wierzącego

Również; istnieją wydarzenia, które astronomowie i naukowcy przewidzieli w oparciu o obserwacje wszechświata. **Za** *cztery miliardy lat*, nasza galaktyka, Droga Mleczna, zderzy się z naszym wielkim, spiralnym sąsiadem, Andromedą.

Galaktyki, które znamy, nie przetrwają.

W rzeczywistości, nasz układ słoneczny przeżyje naszą galaktykę. W tym momencie Słońce nie będzie jeszcze czerwoną gigantyczną gwiazdą - ale będzie wystarczająco jasne, aby upiec powierzchnię Ziemi. Jednak wszelkie formy życia, które jeszcze tam pozostaną, zostaną potraktowane w dość spektakularny sposób.

Obecnie Andromeda i Droga Mleczna są oddalone od siebie o około 2,5 miliona lat świetlnych. Dwie galaktyki napędzane przez grawitację pędzą ku sobie z prędkością 402.000 kilometrów na godzinę. Ale nawet przy takim tempie, nie spotkają się przez kolejne cztery miliardy lat. Następnie obie galaktyki zderzą się czołowo i przelecą przez siebie, pozostawiając po sobie gazowane, rozgwieżdżone pędniki. Dla eonów, para nadal będzie się zbierać i latać osobno, drżąc gwiazdy i przerysowując konstelacje, aż w końcu, po około miliardzie lat, obie galaktyki połączą się. [40]

Wszystkie te rozpraszające i rozpraszające gwiazdy zostały już wspomniane w Świętym Koranie. Wspomniano również inne fakty, które nie są jeszcze znane! Powiedzmy więc, że skoro gwiazdy rozproszą się zgodnie z naszą obserwacją zderzenia galaktyk za 4 miliardy lat, to zakładając, że Koran jest w 100% poprawny, wszystkie inne zdarzenia również będą miały miejsce.
Należy również zwrócić uwagę na fakt, że skoro kolizja ta będzie miała miejsce za 4 miliardy lat, możemy założyć, że dzień zagłady (dzień sądu) jest za 4 miliardy lat. I że gdy tak się stanie i wszyscy zmartwychwstaną, to nawet ci pochowani dziś, tj. zmartwychwstaną po 4 miliardach lat, poczują, że od ich śmierci do zmartwychwstania upłynęło bardzo mało czasu, jak to wyjaśniono w poprzedniej wzmiance ahadytowej!
Wtedy ten czas naprawdę się dla nas wydłuży! Potwierdza to również fakt, że czas będzie się rozszerzać z prętów zostały umieszczone dalej, ale nadal pręty będą przechodzić pod / przez nas, więc będziemy doświadczyć trochę czasu przejścia między naszą śmiercią a Dniem Zmartwychwstania. A Bóg (SW) wie najlepiej.

Przestrzegaj następujących wersetów Koranu, które mówią nam, co astronomowie niedawno przewidzieli, jak pokazano w powyższym fragmencie również;

(I kiedy gwiazdy spadają, rozpraszają się...) [Koran 82: 2]

A kiedy gwiazdy spadają, rozpraszają się... } [Koran 81: 2]

Rzeczy, które są sprzeczne z astronomami i może to wina sposobu, w jaki astronomowie to widzą, ponieważ mówią, że nasze Słońce będzie żyło nawet po zderzeniu się galaktyk [40];

{\i1}Kiedy słońce jest owinięte.{\i0} [Koran 81:1]

Ponieważ nigdy nie udowodniono, że Koran się myli, więc być może pod koniec czasów to też może się zdarzyć i astronomowie mówiący, że Słońce przetrwa, mogą okazać się wong.
Rzeczy, których jeszcze nie przewidzieliśmy z pewnością (niejednoznaczne), czy wydarzą się po zderzeniu się galaktyk i o których mowa w Koranie, są pewne;

Wtedy, gdy Róg jest dmuchany jednym uderzeniem. A ziemia i góry są podnoszone i wyrównywane jednym ciosem. Wtedy w tym dniu nastąpi Objawienie [Zmartwychwstanie]". [Koran 69: 13-15] i (co oznacza): {Kiedy *ziemia została zrównana z ziemią - walnięta i zmiażdżona -.}* [Koran 89: 21]

{Y:i}W Dniu, w którym ziemia i góry skurczą się, a góry staną się kupą piasku wylewającą się w dół.{Y:i} [Koran 73: 14]

{Y:i}A góry będą jak wełna. [Koran 70: 9]

{y:i}A góry będą jak wełna, puszyste.{y:i} [Koran 101: 5]

{y:i}Więc kiedy wzrok jest olśniewający. {y:i}I księżyc ciemnieje.{y:i} [Koran 75: 7-8]

{Y:i}A kiedy góry zostaną usunięte... [Koran 81: 3]
{y:i}I góry są usunięte i będą mirażem.{y:i} [Koran 78. 20]
{Y:i}A kiedy góry zostaną zdmuchnięte... [Koran 77: 10]

{Y:i}W Dniu, w którym my spowodujemy, że góry przeminą, a wy będziecie widzieć ziemię jako równinę... {Y:i}...{Y:i}wypoziomowaną... [Koran 18: 47]

{y:i}I pytają cię (o Muhammada) o góry, {y:i}więc powiedz: "Pan mój wysadzi je w powietrze". I zostawi ją [czyli ziemię] równą równiną. Nie zobaczysz tam depresji ani uniesienia."} [Koran 20: 105-107]

{Y:i}A kiedy morza wybuchają... [Koran 82: 3] i (co oznacza): {I *kiedy morza są wypełnione płomieniami...}* [Koran 81: 6]

{y:i}W dniu, w którym niebo będzie kołysać się ruchem kołowym.{y:i} [Koran 52: 9]

{\i1}Kiedy niebo się rozpada...{\i0} [Koran 82: 1] i (co oznacza):

{\i1}Kiedy niebo się rozdzieliło.{\i0} I posłuchał swego Pana i był do tego zobowiązany.} [Koran 84: 1-2]

4 Wnioski

Poniższe wnioski zostały wyciągnięte na podstawie badań przedstawionych w powyższym rękopisie;

1. Odcinków zdarzających się podczas śmierci jest tak wiele, że jest to możliwe tylko wtedy, gdy czas się wydłużył.
2. Życie jest jak korytarz tunelowy, w którym czas płynie przez nas z prędkością światła.
3. Główną jednostką czasu jest "Bary". To bary sprawiają, że czujemy upływ czasu.
4. Bary tworzą "kije", gdy dwa bary są oddalone od siebie. Powoduje to dużą liczbę odstępów między kijami.
5. Każdy interwał kija zawiera stałą liczbę "odcinków".
6. Mir'aj (nocna podróż Proroka (SAW)) jest z łatwością wyjaśniona za pomocą tych modeli. Modele te wyjaśniają również, dlaczego życie w niebie będzie wieczne.
7. Niebo jest bardzo blisko białej dziury w punkcie, w którym "odstęp między prętami" jest nieskończony. Odstęp między prętami to odległość między dwoma prętami.
8. Brama nieba leży w miejscu, gdzie drugi pasek pojawia się zaraz po białym otworze.
9. Są tam gwiazdy krążące wokół białej dziury (jak Strzelec A krąży wokół czarnej dziury) i planety (mieszkania niebieskie).
10. Dusza może być wykryta, jeśli nano drugiej fali nagrywania zmodyfikowanej mikroelektrody VEP bezprzewodowy mankiet VEP są umieszczone w bliskim sąsiedztwie powierzchni pierwotnej kory wzrokowej i każda fala jest dekodowana do koloru wizualnego, a

następnie uzyskanie doskonałego kształtu. Do powyższego zadania potrzebne jest oprogramowanie, które uczy się fal jako wyraźnego koloru.

5 Sekcje końcowe

5.1 Uznanie Wszystkie

powyższe prace zostały wykonane przeze mnie samego i wykorzystał wiele eksperymentów myślowych opartych na faktach (zakładając, że nauki Koranu i Mahometa są faktami).

5.2 Finansowanie

Nie zrobiono żadnych funduszy, ponieważ chodziło o eksperymenty z teoriami i nie wymagały one pieniędzy.
Dalsze eksperymenty nad Życiem po śmierci, na przykład wykorzystanie chipów, procedury neurochirurgiczne, bezprzewodowy nano sekund fal mózgowych nagrywanie precyzyjne oprogramowanie będzie wymagać finansowania.

5.3 Przypis

Cały artykuł można znaleźć w [42].

5.4 Odniesienia

1. Freidenreich D. Hell and Its Rivals: Śmierć i rekuperacja wśród chrześcijan, Żydów i muzułmanów we wczesnym średniowieczu.
2. Vuckovic BO. Niebiańskie podróże, ziemskie troski: dziedzictwo mi'raja w kształtowaniu islamu. Routledge; 2004 Mar 1.
3. Singer SJ, Nicolson GL. Model mozaiki płynów struktury błon komórkowych. Nauka. 1972 Luty 18:175(4023):720-31.
4. *"World Population Clock: 7.6 Billion People (2017) - Worldometers". www.worldometers.info. Odzyskane w latach 2018-05-13.*
5. Marques J. Ethical Leadership: Postępy z Kompasem Moralnym. Routledge; 2017 wrzesień 27.
6. Suzuki W, Dunbar W, Ichikawa K. "Międzynarodowe partnerstwo na rzecz inicjatywy Satoyama (IPSI): From Formation to Current Practice" ġ.
7. Lipka M, Hackett C. Dlaczego muzułmanie są najszybciej rosnącą grupą religijną na świecie. Pew Research Center. 2015 Apr;23.
8. Patrz

a. *"Shi-ite". Encyklopedia Britannica Online. Odzyskane 26 sierpnia 2010 r. Liczyły one około 900 milionów pod koniec XX wieku i stanowiły dziewięć dziesiątych wszystkich wyznawców islamu.*
b. Gwiazda B. jajang noerjaman.
c. Baba A. Światowa populacja muzułmanów w procentach (Pew Research Center, 2014).
d. *"Szybki przewodnik. Sunnis i Shias". BBC News. 6 grudnia 2011 r. Odzyskane 18 grudnia 2011 r. Zdecydowana większość muzułmanów to muzułmanie sunnici - szacuje się, że jest to od 69% do 89%.*
e. Denny F. Sunni Islam: Oxford Bibliographies Online Research Guide. Oxford University Press; 2010.
f. *"Sunni i Shia Islam". Biblioteka Kongresu Studiów nad Krajami. Odzyskane 17 grudnia 2011 roku. Sunni stanowią 85 procent światowej populacji muzułmanów.*
g. *"Sunni". Berkley Center for Religion, Peace, and World Affairs. Odzyskane 20 grudnia 2012 r. Islam sunnicki jest największym wyznaniem islamu, obejmującym około 85 % ponad 1,5 miliarda muzułmanów na świecie.*
h. Grossman CL. Napięcie między Sunnisem, szyitami pojawiającymi się w USA. USA Today. 2007 wrzesień, 24.
i. Wewnątrz muzułmańskich umysłów "około 80% to sunnici"
j. Who Gets To Narrate the World "The Sunnis (approximately 80%)"
k. A world theology N. Ross Reat "80% being the Sunni"
l. Islam i Kadiyani jama'at "Segment sunnicki, stanowiący co najmniej 80% światowej populacji muzułmańskiej".
m. Europa Wschodnia Rosja i Azja Środkowa "około 80% muzułmanów na świecie to muzułmanie sunnici".
n. Talib A. Sunni Islam. Islam.:41.
o. *"Religie". The World Factbook. Centralna Agencja Wywiadowcza. Odzyskane 25 sierpnia 2010 r. Sunni Islam stanowi ponad 75% światowej populacji muzułmanów...*

9. Patrz

a. *"Shī'ite". Encyklopedia Britannica Online. Odzyskane 25 sierpnia 2010 r. Shī'ites stanowi około jednej dziesiątej ludności muzułmańskiej na świecie.*
b. *"Mapowanie globalnej populacji muzułmańskiej. A Report on the Size and Distribution of the World's Muslim Population". Pew Research Center. 7 października 2009 r. Odzyskane 24 września 2013 r. Szacunki Forum Pew dotyczące populacji szyitów (10-13%) są zgodne z wcześniejszymi szacunkami, które generalnie mieściły się w przedziale 10-15%. Niektóre wcześniejsze szacunki wskazują jednak, że liczba szyitów stanowi prawie 20% światowej populacji muzułmanów.*
c. *"Shia". Berkley Center for Religion, Peace, and World Affairs. Odzyskane 5 grudnia 2011 r. Shi'a Islam jest drugą co do wielkości gałęzią tradycji, z około 200 milionami wyznawców, którzy stanowią około 15% wszystkich muzułmanów na świecie...*
d. *"Religie". The World Factbook. Centralna Agencja Wywiadowcza. Odzyskane 25 sierpnia 2010 r. Shia Islam reprezentuje 10-20% muzułmanów na całym świecie...*
e. al-Bayt A. Kaaba, w Mekce, w regionie Hejaz, dzisiejszej Arabii Saudyjskiej, jest centrum islamu. Muzułmanie z całego świata gromadzą się tam, by modlić się w jedności.
f. Sue Hellett; USA powinny skupić się na sankcjach przeciwko Iranowi Archiwum 17 marca 2012 r. w Wayback Machine. "Podczas gdy islam szyicki stanowi tylko 10-20 procent światowej populacji muzułmańskiej, Irak ma większość szyicką (pomiędzy 60-80 procentami), ale miał kontrolowany przez sunnitów rząd pod rządami Saddama Husajna i kolesia w latach 1958-2003... (Jeśli podobają ci się dane rządowe, zobacz w CIA World Factbook.)"

10. Singer SJ, Nicolson GL. Model mozaiki płynów struktury błon komórkowych. Nauka. 1972 Luty 18:175(4023):720-31.
11. Wald 1984, str. 299-300.
12. Wald RM. Grawitacyjny upadek i kosmiczna cenzura. InBlack Holes, Gravitational Radiation and the Universe 1999 (str. 69-86). Springer, Dordrecht.

13. *Overbye, Dennis (8 czerwca 2015). "Łowcy czarnych dziur". NASA. Archiwizacja z oryginału w dniu 9 czerwca 2015 roku. Odzyskane 8 czerwca 2015 r.*
14. *"Wprowadzenie do czarnych dziur". Odzyskane 2017-09-26.*
15. Schutz B. Grawitacja od podstaw: Wstępny przewodnik po grawitacji i ogólnej względności. Cambridge University Press; 2003, 4 grudnia.
16. *Davies, P. C. W. (1978). "Termodynamika czarnych dziur" (PDF). Sprawozdania z postępów w dziedzinie fizyki.* ***41*** *(8): 1313–1355. Bibcode:1978RPPh...41.1313D. doi:10.1088/0034-4885/41/8/004. Archiwizacja z oryginału (PDF) w dniu 10 maja 2013 roku.*
17. *Rose, Charlie. "Rozmowa z Dr. Stephen Hawking & Lucy Hawking". Charlierose.com. Archiwizacja z oryginału w dniu 29 marca 2013 roku.*
18. *"Inspirujący naukowiec Stephen Hawking zmarł dzisiaj w wieku 76 lat | Al-Sahawat Times". Al-Sahawat Times. 2018-03-14. Odzyskane 2018-03-14.*
19. Melia 2007, s. 2.
20. Osterbrock i Ferland 2006, s. 390
21. Falcke H, Melia F, Agol E. Patrząc na cień czarnej dziury w centrum galaktyki. The Astrophysical Journal Letters. 1999 r. 7 grudnia 52 r.
22. Carroll 2004, s. 217
23. Carroll 2004, s. 218
24. *"Wewnątrz czarnej dziury". Znając wszechświat i jego tajemnice. Archiwizacja z oryginału w dniu 23 kwietnia 2009 roku. Odzyskane 26 marca 2009 r.*
25. *"Co się z tobą stanie, jeśli wpadniesz w czarną dziurę". Math.ucr.edu. John Baez. Odzyskane 11 marca 2018 roku.*
26. Carroll 2004, s. 222
27. *"Zegarek. Trzy sposoby, w jakie astronauta może wpaść do czarnej dziury". 1 lutego 2014 r. Odzyskane 13 marca 2018 roku.*
28. *Greene, Brian. "Theory of Relativity, Then and Now"*. Odzyskane w latach *2015-09-26.*
29. https://backyardbrains.com/experiments/reactiontime

30. Carroll SM. Przestrzeń czasowa i geometria. Wprowadzenie do ogólnej relatywności. 2004.
31. Steve Nerlich (23 maja 2011). "Małe grzywki i białe dziury". phys.org.
32. *"Białe dziury": Niemożliwe". Lisa N. Roivra.*
33. Koos WT, Spetzler RF, Pendler G, Fehringer I, Spitzer G. Kolorowy atlas mikrochirurgii. Georg Thieme Verlag; 1985.
34. Morgan ST, Hansen JC, Hillyard SA. Selektywna uwaga na lokalizację bodźca moduluje wizualny potencjał wywołany w stanie ustalonym. Postępowanie Narodowej Akademii Nauk. 1996 maj 14;93(10):4770-4.
35. Reich WT. Encyklopedia.
36. Koos WT, Spetzler RF, Pendler G, Fehringer I, Spitzer G. Kolorowy atlas mikrochirurgii. Georg Thieme Verlag; 1985.
37. Shaffrey CI, Spotnitz WD, Shaffrey ME, Jane JA. Neurochirurgiczne zastosowania kleju fibrynowego: powiększenie zamknięcia duralnego u 134 pacjentów. Neurochirurgia. 1990 luty 1;26(2):207-10.
38. Giroux AP, Pratt LW. Pień mózgu wywołał audiometrię odpowiedzi. Annale Otologii, Renologii i Laryngologii. 1983 Mar;92(2):183-6.
39. Vuckovic BO. Niebiańskie podróże, ziemskie troski: dziedzictwo mi'raja w kształtowaniu islamu. Routledge; 2004 Mar 1.
40. National Geographic Milky Way has 4 Billions to Live - But Our Sun Will Survive by "Nadia Drake", opublikowany 24 marca.
41. Khan AA. Nauka prowadzi do Boga-2. Dziennik Obrony. 2017 Czerwiec 1;20(11):37
42. Ali YT. Życie po śmierci i niebiosa poza wzorem. IJSER. 2019 Jan:10(1):708-32.

Printed by Books on Demand GmbH, Norderstedt / Germany